Foyez Ahmed Prodhan
Md. Safiul Islam Afrad

Barreiras e preparação para a utilização das TIC no Bangladesh

Foyez Ahmed Prodhan
Md. Safiul Islam Afrad

Barreiras e preparação para a utilização das TIC no Bangladesh

Barreiras percebidas e preparação dos trabalhadores da extensão agrícola para a utilização das TIC

ScienciaScripts

Imprint

Cover image: www.ingimage.com

This book is a translation from the original published under ISBN 978-620-2-07652-4.

Publisher:
Sciencia Scripts
is a trademark of
Dodo Books Indian Ocean Ltd. and OmniScriptum S.R.L publishing group

120 High Road, East Finchley, London, N2 9ED, United Kingdom
Str. Armeneasca 28/1, office 1, Chisinau MD-2012, Republic of Moldova, Europe
Printed at: see last page
ISBN: 978-620-7-93854-4

ÍNDICE

RESUMO DA TESE

BARREIRAS E PREPARAÇÃO DOS EXTENSIONISTAS AGRÍCOLAS PARA A UTILIZAÇÃO DAS TIC NO DISTRITO DE GAZIPUR DO BANGLADESH

Por

FOYEZ AHMED PRODHAN

O objetivo do presente estudo era determinar o grau de perceção das barreiras e a preparação dos trabalhadores da extensão agrícola para a utilização das TIC no distrito de Gazipur. Foi selecionada uma amostra de 90 inquiridos do distrito de Gazipur, seguindo a técnica de amostragem aleatória proporcional. O estudo seguiu um modelo de investigação descritivo e de diagnóstico. Os dados foram recolhidos através de um questionário estruturado pré-testado entre julho de 2012 e setembro de 2012. Foram utilizadas medidas estatísticas como a amplitude, a média, o número, a percentagem, o desvio-padrão e o coeficiente de correlação. As barreiras percebidas e a preparação dos trabalhadores da extensão agrícola para a utilização das TIC foram medidas tendo em conta quatro aspectos. Os resultados revelaram que a maior parte (87,8%) dos inquiridos encontrou barreiras elevadas e 88,9% dos inquiridos tinham uma preparação média para a utilização das TIC. As barreiras comparativas percebidas pelos inquiridos em relação à utilização das TIC na agricultura A barreira organizacional foi relativamente mais elevada do que em comparação com os outros quatro aspectos. As barreiras pessoais surgiram a seguir na classificação e depois as barreiras tecnológicas e políticas, respetivamente. A preparação comparativa percebida pelos inquiridos para a utilização das TIC na agricultura foi relativamente mais elevada do que em comparação com os outros quatro aspectos. A preparação em termos de infra-estruturas foi a seguinte na classificação, seguida da preparação pessoal e da preparação dos agricultores. A exposição à formação, a capacidade de inovação, a satisfação no trabalho, a cosmopolitismo, a utilização de fontes de informação e o conhecimento tiveram uma relação negativa significativa com os obstáculos à utilização das TIC. Por outro lado, a exposição à formação, a capacidade de inovação, a satisfação no trabalho, o cosmopolitismo, a utilização de fontes de informação e o conhecimento tiveram uma relação positiva e significativa com a perceção de preparação para a utilização das TIC. Os resultados deste estudo podem fornecer informações ao governo ou a organizações relevantes sobre a preparação e os obstáculos à utilização das TIC na agricultura.

AGRADECIMENTOS

Todos os louvores são devidos a Deus Todo-Poderoso, o Grande, Gracioso e Misericordioso, cujas bênçãos permitiram ao autor concluir com êxito este trabalho de investigação.

O autor está grato a todos os que contribuíram para este trabalho de investigação, embora não seja possível mencionar todos os nomes.

Em particular, o autor aproveita a oportunidade para exprimir o seu mais profundo sentimento de gratidão ao seu Professor Catedrático Dr. Md. Safiul Islam Afrad, Professor Associado, Departamento de Extensão Agrícola e Desenvolvimento Rural, Bangabandhu Sheikh Mujibur Rahman Agricultural University, Gazipur, pela sua inspiração, sugestões valiosas, orientação constante e supervisão intensiva durante todo o período de estudo e preparação desta tese.

O autor exprime também o seu apreço, gratidão e sinceros agradecimentos aos honoráveis membros do comité consultivo, Shaikh Shamim Hasan, Professor Assistente, Departamento de Extensão Agrícola e Desenvolvimento Rural e Professor Dr. G.K.M. Mustafizur Rahman, Departamento de Ciência do Solo, BSMRAU, pelos seus conselhos entusiásticos, comportamento afetuoso e sugestões valiosas ao longo deste trabalho de investigação.

O autor aproveita a oportunidade para exprimir a sua profunda gratidão e o seu sincero apreço ao Dr. Md. Enamul Haque, Professor e Diretor do Departamento de Extensão Agrícola e Desenvolvimento Rural da Universidade Agrícola Bangabandhu Sheikh Mujibur Rahman, Gazipur, pelas suas sugestões criativas, orientação e inspiração constante desde o início até ao fim do trabalho.

O autor deseja exprimir o seu sincero apreço e a sua sincera dívida para com todos os outros professores do Departamento de Extensão Agrícola e Desenvolvimento Rural da Universidade Agrícola Bangabandhu Sheikh Mujibur Rahman, Gazipur, pelos seus valiosos conselhos e sugestões para a realização da investigação.

O autor agradece igualmente aos SAAO's por terem sacrificado o seu precioso tempo durante as entrevistas para a recolha de dados.

Agradecimentos especiais e gratos são também devidos aos amigos do investigador, nomeadamente Shahoriar Ferdous, Md.Hashmi Sakib, Sharmin Akter, Amena Khatun e Tuli, pelo seu sentimento de companheirismo e encorajamento durante o período de estudo.

Por último, o autor não pode deixar de exprimir a sua imensa dívida, o seu mais profundo sentimento de gratidão e o seu profundo respeito para com os seus pais e a sua irmã, que foram uma fonte constante de bênção, inspiração e encorajamento para os seus estudos superiores.

inverno, 2012 **O autor**

CAPÍTULO 1
INTRODUÇÃO

1.1 Antecedentes do estudo

A utilização das tecnologias da informação e da comunicação (TIC) está a generalizar-se progressivamente em vários sectores, incluindo a educação, as empresas e a agricultura. Uma das aplicações mais populares das TIC é o e-Leaming. Com o e-Leaming, podemos utilizar as tecnologias disponíveis para melhorar a aprendizagem e alargar o acesso à educação e à formação no sector agrícola. A utilização de sistemas de e-Leaming no domínio da extensão agrícola está a tornar-se popular devido ao desenvolvimento das TIC. Os extensionistas da linha da frente, que se tornam o elo direto entre os agricultores e outros actores na extensão dos conhecimentos agrícolas e dos sistemas de informação, estão bem posicionados para utilizar as TIC para aceder a conhecimentos especializados ou a outros tipos de informação que possam facilitar a realização das actividades de rotina dos agricultores (Omotayo, 2005).

De acordo com o Centro Técnico de Cooperação Agrícola e Rural (CTA), as TIC são tecnologias que facilitam a comunicação e, por conseguinte, o processamento e a transmissão de informação por via eletrónica. As TIC incluem tecnologias e métodos para armazenar, gerir e processar, bem como comunicar informação (Akpabio *et al.,* 2007). Os académicos Adebayo e Adesope (2007) descrevem as TIC como disciplinas científicas, tecnológicas e de engenharia e as tecnologias de gestão utilizadas no tratamento da informação, processamento e aplicações relacionadas com os computadores. As TIC como instrumento de extensão podem melhorar o fluxo de informação na aplicação dos serviços de extensão agrícola. A extensão agrícola, que depende em grande medida do intercâmbio de informações entre os agricultores e entre estes, foi identificada como um domínio em que as TIC podem ter um impacto particularmente significativo (Ballantyne e Bokre, 2003). Além disso, Annor-Frempong *et al.* (2006) observaram que estas tecnologias são cada vez mais vistas como rentáveis e como instrumentos práticos para facilitar a entrega de informação e a partilha de conhecimentos entre agricultores, agentes de extensão e outras partes interessadas.

A aprendizagem eletrónica nos domínios agrícolas está ainda nas primeiras fases de adoção. A agricultura é o principal pilar do Bangladesh. A economia nacional do Bangladesh baseia-se principalmente na agricultura e a população agrária constitui 84% da população total que está direta ou indiretamente envolvida numa vasta gama de actividades agrícolas (Rahman, 2004). O programa de extensão agrícola pode fornecer a ajuda tão necessária sob a forma de conselhos práticos no terreno, inovações de cientistas e profissionais e princípios sólidos de comercialização de produtos de base. No entanto, a enorme procura de formação para os pequenos agricultores nunca poderá ser satisfeita através dos métodos de extensão convencionais. As abordagens mais recentes da extensão, como o "Farmers First", as "Farmer Field schools" e a investigação participativa dos agricultores, mobilizam as comunidades a partir do seu interior, evitando uma abordagem do topo para a base para operar a mudança e orientando os seus esforços para um serviço de extensão agrícola interativo baseado nas TIC. O Bangladesh digital e o serviço de extensão agrícola baseado nas TIC, no âmbito da visão 2021 do governo, estão a implementar os conceitos do Bangladesh digital. (Islam, 2010)

Em suma, a utilização das TIC num país em desenvolvimento depende de várias facetas, tais como infra-estruturas, políticas governamentais, factores culturais, recursos organizacionais e humanos. (Pumomo e Lee, 2010) O presente estudo centra-se nos vários factores para investigar a preparação e as barreiras percebidas pelos extensionistas. Assumindo que estes factores podem ser claramente identificados, a informação pode ser usada pela organização de extensão para aumentar o uso desta abordagem de aprendizagem, bem como melhorar a qualidade da aprendizagem agrícola. Isto, por sua vez, terá um impacto positivo no desenvolvimento agrícola sustentável e na economia do Bangladesh.

1.2 Declaração do problema

A preparação e os obstáculos são termos relativos, e o seu tipo e natureza afectam a utilização das TIC na agricultura. Do mesmo modo, as TIC significam uma série de dispositivos de divulgação de informação. A informação e a comunicação ajudam tanto no desenvolvimento económico como no não económico, o que inclui benefícios como a melhoria da aplicação da lei, a redução da desigualdade de rendimentos, comunicações mais rápidas e eficazes durante as catástrofes e o reforço dos laços de parentesco, facilitando a distribuição de informação e a partilha de conhecimentos entre agricultores, agentes de extensão e outras partes interessadas (Harris, 2002). A utilização das TIC num país em desenvolvimento depende de vários factores. Este estudo pretende explorar os factores que afectam a preparação e os obstáculos à utilização das TIC.

A economia do Bangladesh baseia-se na agricultura, na indústria e nos serviços. O produto interno bruto (PIB) expresso em paridade do poder de compra é de 209,2 mil milhões de dólares, o que equivale a mais de 14 600 mil milhões de BDT. O sector agrícola contribui com uma parte importante do PIB, que é de cerca de 20,0%, e emprega cerca de 48,07% da força de trabalho. O sector dos serviços é também um sector importante na economia do país, sendo que cerca de 50% do PIB é gerado por este sector e emprega 43,28% da força de trabalho. Mais uma vez, entre as contribuições subsectoriais do sector agrícola, as culturas dominam (57%), seguidas da pesca (22%) (Rahman, 2004).

A agricultura é um dos sectores vitais em que as TIC podem ser utilizadas de forma razoável na transferência de tecnologias agrícolas modernas para os agricultores. As tecnologias da informação e da comunicação na agricultura incluem a Internet, a rádio/rádio comunitária, a televisão, as ferramentas de comunicação sem fios, o telemóvel, os meios audiovisuais, a câmara digital, o sistema de informação geográfica (SIG), o sistema de posicionamento global (GPS) e outras tecnologias que orientam as actividades agrícolas para a agricultura de precisão. A maioria da população do mundo em desenvolvimento vive em zonas rurais e tem pouco ou nenhum acesso à informação. O Bangladesh não é exceção e cerca de um terço da sua população, que vive em zonas rurais, tem um acesso limitado à informação. Durante as duas últimas décadas, o mundo assistiu a um crescimento sem precedentes no domínio das tecnologias da informação e da comunicação (TIC). As TIC ajudam as pessoas a comunicar eficazmente, ultrapassam as limitações do tempo e do espaço, capacitam as pessoas através do fornecimento de informações e conhecimentos, proporcionam oportunidades de geração de rendimentos e de aprendizagem, aumentam a transparência e a eficiência do governo e permitem que as pessoas exprimam as suas preocupações e participem ativamente nos processos de tomada de decisões (Banco Asiático de Desenvolvimento, 2004). Em termos de desenvolvimento rural, as TIC podem desempenhar um papel importante na melhoria da qualidade de vida das populações rurais. No entanto, a promessa ainda não se concretizou devido à falta de conetividade e de acessibilidade ao serviço universal e aos mercados entre as comunidades rurais. Por conseguinte, é necessário eliminar os obstáculos enfrentados pela economia rural em desenvolvimento e fornecer infra-estruturas básicas nas zonas rurais para permitir a difusão das TIC. No entanto, o desenvolvimento das TIC como instrumentos de comunicação por parte das organizações de extensão enfrenta barreiras e obstáculos. Os elevados custos de arranque, os obstáculos infra-estruturais, a falta de formadores bons e competentes, a fraca conetividade e os cabos rígidos robustos são alguns dos obstáculos (Mirzaei, 2003).

Por isso, este estudo centra-se em vários factores para investigar a preparação e as barreiras percebidas pelos trabalhadores da extensão agrícola. Este estudo pretende explorar factores que podem precisar de ser melhorados antes da utilização das TIC. A identificação destes factores ajudará a aumentar o conhecimento do pessoal de extensão na utilização das TIC no sector agrícola. Tendo em conta as circunstâncias acima referidas, o investigador estava interessado em obter respostas para as seguintes questões de investigação:

> Quais são as características sócio-demográficas dos extensionistas agrícolas?

> Qual é o grau de perceção dos extensionistas agrícolas sobre os obstáculos e a preparação para a utilização das TIC?

> Existe alguma relação entre as características seleccionadas dos extensionistas agrícolas e a sua perceção sobre as barreiras e a preparação para a utilização das TIC?

1.3 Objectivos do estudo

A fim de responder às questões acima referidas, foram formulados os seguintes objectivos específicos, que deverão dar uma orientação adequada ao estudo.

> Identificar as características sócio-demográficas dos extensionistas agrícolas;

> Determinar o grau de perceção dos extensionistas agrícolas sobre as barreiras e a preparação para a utilização das TIC;

> Explorar as relações entre as características seleccionadas dos extensionistas agrícolas e a sua perceção sobre as barreiras e a preparação para a utilização das TIC

1.4. Importância do estudo

O modelo analítico esboçado no presente estudo pode ser útil para justificar a extensão dos sectores das TIC aos sectores agrícolas. Do mesmo modo, no Bangladesh, os sectores privados iniciaram um movimento revolucionário nos sectores das TIC desde a última década. Por conseguinte, os resultados da investigação do presente estudo podem fornecer bases suficientes aos decisores políticos para encorajarem os sectores privados a chegarem ao interior do país. Espera-se também que o resultado do estudo provoque o governo a iniciar parcerias público-privadas para chegar à agricultura com dispositivos TIC fortemente subsidiados, para que as pessoas com rendimentos comparativamente baixos possam ter acesso fácil a dispositivos de comunicação. Além disso, o presente estudo acrescentaria um novo episódio na literatura existente, uma vez que se centraria na questão da agricultura do Bangladesh, onde as TIC podem ser utilizadas para o desenvolvimento agrícola sustentável.

1.5 Pressupostos do estudo

Uma hipótese é a suposição de que um facto ou princípio aparente é verdadeiro à luz das provas disponíveis (Goode e Hatt, 1952). É também considerada como um facto ou crença que é verdadeiro sem provas. O investigador teve em conta os seguintes pressupostos ao realizar este estudo:

1. Os inquiridos seleccionados eram suficientemente competentes para dar uma resposta adequada às questões incluídas no programa de entrevistas.

2. Os pontos de vista e opiniões fornecidos pelos inquiridos incluídos na amostra eram representativos, válidos e fiáveis de toda a população da área de estudo.

3. O conteúdo dos itens, as perguntas e a escala de medição das variáveis foram razoavelmente autênticos para refletir a situação da vida real dos inquiridos e o impulso e os objectivos.

4. Espera-se que os resultados do estudo tenham uma aplicação satisfatória para o planeamento e

execução de vários programas, estratégias e abordagens de extensão.

5. Os dados fornecidos pelos inquiridos estavam isentos de preconceitos.

1.6 Hipótese do estudo

De acordo com Kerlinger (1973), uma hipótese é uma declaração conjetural da relação entre duas ou mais variáveis. Ao estudar a relação entre as variáveis dependentes e independentes, é formulada uma hipótese que indica a relação prevista entre as variáveis.

A hipótese nula é formulada da seguinte forma:

Não existe uma relação significativa entre as características seleccionadas dos extensionistas agrícolas e as suas barreiras percebidas e a sua preparação para a utilização das TIC.

1.7 Limitações do estudo

O presente estudo foi realizado para compreender em profundidade as barreiras e o grau de preparação dos trabalhadores da extensão agrícola para a utilização das TIC e para explorar a sua relação com características seleccionadas dos trabalhadores da extensão agrícola e com as barreiras e o grau de preparação por eles percepcionados para a utilização das TIC. Qualquer investigação não está isenta de problemas, mas o grau de desafio varia consoante a natureza e o tipo de problemas de investigação e a área de estudo. Tendo em conta o tempo, o dinheiro e outros recursos necessários à disposição do investigador e para tornar a investigação gerível e significativa, torna-se necessário impor certas limitações. Assim, no decurso deste estudo, os problemas mais difíceis foram:

> Foi escolhida uma pequena amostra de 90 inquiridos para o estudo devido a limitações de tempo e de recursos.

> O presente estudo foi efectuado apenas no distrito de Gazipur, pelo que é necessário avaliar os obstáculos e a preparação para a implementação das TIC no Bangladesh, tendo em conta o número de distritos do país.

CAPÍTULO 2
REVISÃO DA LITERATURA

O presente estudo trata da perceção dos extensionistas agrícolas sobre as barreiras e a preparação para a utilização das TIC. O objetivo deste capítulo é rever estudos anteriores, opiniões e observações de peritos relevantes para esta investigação. Uma revisão abrangente e sistemática de trabalhos de investigação anteriores constitui uma base sólida para a realização de qualquer investigação científica. Uma referência aos trabalhos anteriores fornece orientações não só para enquadrar hipóteses, metodologia a adotar, futuras áreas de investigação a cobrir, mas também para fundamentar e/ou repudiar os resultados da investigação com possíveis razões. O objetivo deste estudo era ter uma compreensão abrangente da perceção dos extensionistas agrícolas sobre as barreiras e a preparação para a utilização das TIC e a sua relação com características seleccionadas.

A literatura disponível foi amplamente revista pelo investigador para procurar trabalhos relacionados. Apenas alguns estudos que exploram as relações entre as características dos indivíduos e a sua perceção chegaram ao conhecimento do investigador. No entanto, no decurso da revisão da literatura, o investigador observou que foram realizados vários estudos para explorar as relações entre as características dos indivíduos e a sua perceção das barreiras e da preparação para a utilização das TIC.

2.1 Conceito dePercepção

Segundo o Webster's (1931), novo Dicionário Internacional, a perceção é qualquer ato ou processo de conhecer objectos, factos ou verdades, quer através de experiências sensoriais, quer através de pensamentos. É também a referência da sensação a um objeto externo.

Macleod (I960) descreveu a perceção como o processo pelo qual os objectos e os acontecimentos, incluindo as suas qualidades e significados, disposições e relações, se tornam presentes, aqui e agora, para o observador.

Conland (1968) definiu a perceção como o conteúdo da experiência sensorial. Fez uma distinção entre perceção e sensação, partindo do princípio de que - a sensação refere-se à ação de um recetor quando é estimulado e a perceção refere-se ao significado dado à sensação. A sensação é o mosaico de receptores estimulados dentro da retina. A perceção é a cognição ou suposição acrescentada ao mosaico.

Ruch (1953) definiu a perceção como o processo de organização e interpretação dos dados sensoriais, combinando-os com os resultados de experiências anteriores. É uma resposta que, por sua vez, fornece estímulos que provocam e orientam outras respostas. A perceção permite a um indivíduo saber como se situa em relação aos objectos e condições do mundo que o rodeia e agir em conformidade.

Segundo Hilgard (1963), a perceção é o processo pelo qual observamos o mundo dos objectos e das outras pessoas. A perceção é a atividade de um organismo. O indivíduo traz consigo as influências das suas experiências e as suas necessidades e desejos actuais quando enfrenta o mundo. Ninguém vê o mundo exatamente como ele é e a perceção de um indivíduo depende em parte daquilo que ele próprio é.

Royee e Jones (1961) definiram a perceção como a consciência sensorial total de um objeto material presente nos órgãos dos sentidos. É uma função do sentido central mais um ou mais dos sentidos especiais e geralmente também mostra influência da imaginação e dos outros sentidos internos. Na prática, é impossível saber até que ponto a influência intelectual pode também estar presente, mas pelo menos o termo refere-se sempre à nossa impressão total de um objeto sentido.

Vandalen (1973) afirmou que a observação é a sensação mais a perceção - a sensação é o resultado imediato de um estímulo para os órgãos dos sentidos. Esta informação não é útil se não for interpretada. A perceção é a arte de relacionar o que é sentido com alguma experiência passada para dar significado à sensação. Os significados estão mais na mente do homem do que nos próprios objectos. Assim, ao olhar para os mesmos objectos, nem todos vêem a mesma coisa. As percepções podem ser relativamente simples ou muito complexas. Podem envolver um único órgão sensorial ou vários sentidos.

A revisão dos conceitos de diferentes autores sobre perceção indica que a perceção reflecte a compreensão de um indivíduo sobre um objeto ou uma coisa. A perceção é influenciada por vários factores, como a sensação, a experiência anterior, as necessidades e a investigação. A perceção pode ser relativamente simples ou altamente complexa. Pode envolver um único órgão dos sentidos ou vários sentidos.

2.2 Elementos básicos do processo percetivo

Quando um indivíduo percebe uma coisa ou um objeto, isso ocorre através de alguns processos. A perceção ocorre através da sensação devido à estimulação dos órgãos dos sentidos. A perceção é o resultado da interpretação e análise da sensação. Por conseguinte, o objeto da perceção e a situação real não são os mesmos. Por isso, não se deve aceitar tudo o que se vê e ouve, mas deve-se avaliar o objeto da perceção de forma objetiva ou intencional. De acordo com Hellriegel e Slocum (2007), o processo de perceção é descrito a seguir:

2.2.1 Observação

No processo percetivo, a observação de diferentes coisas está na fase primária. Para observar uma coisa, podem-se utilizar os órgãos dos sentidos. Pode observar uma coisa vendo, ouvindo, cheirando, provando e sentindo através dos cinco órgãos dos sentidos, como o olho, o ouvido, o nariz, a língua e a pele.

Todos são importantes, mas os três primeiros - ver, ouvir e sentir - são os sentidos dominantes.

Através da observação, podemos familiarizar-nos com o ambiente externo.

2.2.2 Seleção

A fase seguinte do processo percetivo é a seleção. Um indivíduo não se apercebe de todas as coisas que vê, ouve e sente que ocorrem no mundo exterior. É possível selecionar um ou mais estímulos entre os numerosos estímulos. Esta seleção depende de alguns factores externos e internos. Os factores externos dependem da forma, da intensidade, da diferença, da velocidade, da repetição, da novidade e da familiaridade. Os factores internos dependem da aprendizagem do indivíduo, da sua motivação, personalidade, interesse, atenção, emoção, etc. Entre os numerosos estímulos, o indivíduo só pode percecionar os estímulos que estão relacionados com as suas próprias características internas.

2.2.3 Organização

Nesta fase, é possível organizar os objectos, as coisas e os acontecimentos seleccionados e atribuir-lhes um significado. No processo de perceção, os objectos do mundo exterior são reorganizados de acordo com a atitude do perceptor e adquirem uma nova forma. A mesma coisa pode ser percepcionada de forma diferente devido a diferenças na personalidade do perceptor. No processo de organização da perceção, um indivíduo classifica os estímulos do mundo exterior em classes e depois modifica-os em unidades identificadas.

2.2.4 Erros de perceção

Em psicologia, não há diferença entre perceção perfeita e perceção de erro. Por detrás de qualquer perceção errada, existe um estímulo real. A perceção do erro é também um tipo de perceção. Mas é chamada de erro porque o conhecimento que transmite tem algum conflito com o conhecimento de outro padrão de realidade e, portanto, será errado se alguém tomar uma decisão de acordo com isso. Este erro pode ocorrer devido a muitas causas, por exemplo, estereótipos, efeito de hallow, erro lógico, projeção, expetativa, consequência de hábitos passados, etc.

2.2.5 Interpretação

Nesta fase, as sensações recebidas pelos órgãos dos sentidos são interpretadas e, através desta interpretação, é criada uma ideia sobre o assunto. Esta ideia atribui o comportamento e como resultado, um indivíduo comporta-se ou reage. No entanto, este comportamento pode ocorrer abertamente através de uma reação interna do indivíduo.

2.3. A importância da utilização das TIC na agricultura

Woods *et al.* (2002) afirmaram que, atualmente, a maioria dos asiáticos nos países em desenvolvimento precisa de construir infra-estruturas TIC maciças para tirar partido da informação agrícola. Ao utilizar as TIC, em particular a Internet, a informação agrícola é mais facilmente acedida e o âmbito da comunicação também aumenta.

Abdon *et al.* (2006) concluíram que a aplicação das TIC é uma alternativa eficaz para responder às necessidades educativas contínuas do conhecimento agrícola, especialmente nas áreas da agricultura sustentável e da gestão dos recursos naturais.

Hafkin e Odame (2002) afirmaram que os benefícios da utilização das TIC como um meio de e-Leaming para fins de extensão e formação agrícola estão bem documentados.

Chamala e Shingi (1996) confirmaram que a utilização das TIC para as actividades de extensão acabará por transformar os extensionistas em catalisadores, que desempenham o seu papel de capacitação nas organizações comunitárias, no desenvolvimento de recursos humanos, na resolução de problemas e na educação dos agricultores.

Winrock (2003) afirmou que as TIC podem ser utilizadas em quase todas as fases de aquisição de factores de produção, produção, distribuição e comercialização de produtos agrícolas. A informação e as tecnologias que facilitam a sua utilização, troca e fiabilidade têm sido aspectos importantes da agricultura e das actividades relacionadas com a agricultura. O conhecimento, a comunicação e o intercâmbio de informações têm influenciado as decisões sobre o que plantar, quando plantar, como cultivar e colher e onde armazenar e vender e a que preço. Em comparação com os métodos tradicionais, as TIC podem acrescentar valor quando a informação é sensível ao tempo, quando requer uma personalização significativa para satisfazer as necessidades de um cliente, quando a informação necessária envolve cálculos normalizados e quando há necessidade de uma interatividade significativa entre as partes à distância As TIC também estão a oferecer métodos mais rentáveis para capacitar e assegurar o feedback de comunidades agrícolas anteriormente marginalizadas. Existe um enorme potencial na utilização das TIC para fornecer informações, aceder a recursos, melhorar a aprendizagem e as fontes de investigação. É uma forma em rápido crescimento de encontrar informações, produtos e serviços agrícolas.

De acordo com Ortmann (2000), a utilização das TIC está a tornar-se popular à medida que cada vez mais agricultores deixam de estar interessados nas formas tradicionais de manter dados e registos agrícolas. Isto porque são relativamente simples de utilizar e satisfazem as necessidades de registo e informação de muitos agricultores. As TIC são muito úteis para manter registos financeiros e físicos (culturas, gado) para fins de planeamento empresarial e para a preparação de folhas de pagamento. São também muito apreciadas por fornecerem informação actualizada, mais utilizável e facilmente acessível e por pouparem tempo em comparação com os registos manuais tradicionais.

Bhatnagar (2000) referiu que as aplicações das TIC se dividem em três objectivos, nomeadamente: (i) apoio à tomada de decisões pelos administradores públicos, (ii) melhoria dos serviços prestados aos cidadãos e promoção da transparência e (iii) capacitação dos cidadãos para acederem à informação e ao conhecimento. Todas estas funções são necessárias na agricultura para assegurar (i) a melhoria do planeamento e do acompanhamento do programa de desenvolvimento agrícola, (ii) a melhoria da prestação de serviços agrícolas aos agricultores e a todos os intervenientes na cadeia de abastecimento e (iii) a capacitação das pessoas através da formação, do acesso a informação agrícola actualizada e da criação de emprego

Jones (1997) afirmou que o desenvolvimento agrícola eficaz exige o acesso à informação sobre todos os aspectos da produção, transformação e comercialização agrícolas e parece provável que esta necessidade esteja a aumentar. As TIC já demonstram ter potencial para desempenhar um papel importante no fornecimento desta informação a este sector, tanto nos países desenvolvidos como nos países em desenvolvimento

A FAO (2006) referiu cinco grandes categorias através das quais as TIC são utilizadas no sector agrícola. São elas: desenvolvimento técnico e económico para os produtores agrícolas; desenvolvimento comunitário; investigação e educação; desenvolvimento de pequenas e médias empresas (PME); e rede de meios de comunicação.

2.4. Perceção dos obstáculos à utilização das TIC pelas comunidades agrícolas nos países em desenvolvimento

Um dos principais obstáculos à adoção e difusão da tecnologia nos países em desenvolvimento é o conjunto de barreiras que inibem a sua utilização generalizada. Esta secção apresenta questões relacionadas com os obstáculos à utilização das TIC e os factores que afectam a utilização das TIC nos países em desenvolvimento.

De acordo com Lio e Liu (2006), a maioria dos agricultores pobres dos países em desenvolvimento não tem acesso ou tem acesso limitado a ferramentas de modem, o que realça a fratura digital que existe não só entre diferentes países, mas também entre comunidades agrícolas locais dentro do mesmo país. Os níveis de utilização das TIC nos países desenvolvidos continuam a ser mais elevados do que os alcançados nos países em desenvolvimento, uma vez que se crê que os rendimentos da utilização das TIC na produção agrícola pelos países desenvolvidos são duas vezes superiores aos dos países em desenvolvimento.

Rao (2004) e Mutula (2005) realizaram um estudo sobre os constrangimentos que estão a inibir as pessoas na maioria dos países em desenvolvimento de utilizar as TIC. Constatou que (i) as fracas infra-estruturas tecnológicas, (ii) a falta de acesso às TIC, (iii) o elevado custo do acesso às TIC, (iv) a falta de sensibilização e formação em TIC e (v) as limitações linguísticas e de conteúdo eram os principais obstáculos.

Langmia (2006) realizou um estudo sobre os obstáculos à adoção das TIC. O estudo revelou que a fraca conetividade e a fraca cobertura de rede eram os principais obstáculos.

Soekartawi (2005) identificou alguns problemas nos países em desenvolvimento como estando relacionados com as infra-estruturas e a ligação à Internet, os recursos humanos e o apoio político do governo. Sublinhou que os recursos humanos são um dos factores cruciais para difundir a utilização das TIC junto dos alunos.

Sambrook (2003) referiu que a falta de hardware para suportar o e-leaming nas organizações é um dos principais factores para a utilização e implementação das TIC.

Chadha e Kumail (2002) efectuaram um estudo sobre as limitações à implementação das TIC na agricultura. O estudo revelou que a cobertura limitada da Internet e as barreiras tecnológicas, como a baixa largura de banda, constituíam a limitação à aplicação das TIC.

Rao (2006) observou que a maioria dos países em desenvolvimento não tem acesso a tecnologias modem, como computadores e Internet, devido a infra-estruturas deficientes e à fraca conetividade à Internet nas zonas rurais.

Kenny (2002) realizou um estudo sobre a aplicação das TIC nas zonas rurais dos países em desenvolvimento e concluiu que a utilização das TIC para ligar as fontes de inovação agrícola aos utilizadores finais, especialmente os agricultores, é limitada pela falta de ligação à Internet. Este facto priva as pessoas das zonas rurais do acesso às TIC.

Tlabela *et al.* (2007) realizaram um estudo sobre a adoção das TIC pela comunidade rural e concluíram que uma infraestrutura deficiente tende a aumentar continuamente o fosso no acesso às TIC entre os que vivem em zonas remotas pobres e os que vivem em zonas bem desenvolvidas. Uma vez que os fornecedores de serviços TIC investem principalmente em zonas onde as infra-estruturas estão bem desenvolvidas. A principal razão é que as infra-estruturas bem desenvolvidas atraem os fornecedores privados de serviços de TIC a investir nas zonas urbanas.

Mungania (2003) realizou um estudo sobre as barreiras ao e-learning. O estudo revelou que as barreiras ao e-Learning são heterogéneas, englobando sete tipos de barreiras, nomeadamente: (1) pessoais ou disposicionais, (2) de estilo de aprendizagem, (3) de instrução, (4) situacionais, (5) organizacionais, (6) de adequação dos conteúdos e (7) tecnológicas.

Muilenburg e Berge (2005) determinaram oito factores de obstáculos à aprendizagem em linha, incluindo questões administrativas/instrutor, interacções sociais, competências académicas, competências técnicas, motivação do aprendente, tempo e apoio aos estudos, custo e acesso à Internet e problemas técnicos.

Um estudo de Ali e Magalhães (2008) dividiu as barreiras na adoção do e-Leaming em dois factores: questões organizacionais e questões técnicas. Quanto às barreiras técnicas, as mais citadas são as falhas do sistema, a atualização da largura de banda e da infraestrutura, a acessibilidade, a usabilidade e o apoio técnico na utilização desse sistema. As barreiras organizacionais incluem a falta de tempo disponível para a formação; custo versus valor e falta de conteúdos adequados relacionados com necessidades específicas.

2.5. Perceção da preparação para a utilização das TIC na agricultura

Citando o Merriam Webster's Online Dictionary, So e Swatman (2006) esclarecem que a prontidão é definida como "estar preparado mental ou fisicamente para alguma experiência ou ação".

Em termos de e-Leaming, Borotis e Poulymenakou (2004) definiram a preparação para o e-Leaming como "a prontidão mental ou física de uma organização para alguma experiência ou ação de e-Leaming".

Trinidad (2002) afirmou que a preparação para as TIC é um processo que consiste em vários factores tecnológicos, como a preparação para o computador, a Internet e a linha telefónica; factores educativos, como a aprendizagem em rede, a sociedade em rede, a economia em rede e a política em rede; proficiência em inglês e literacia informática/intemacional.

Chapnick (2000) diferenciou os factores de preparação do grupo de modelos em oito categorias: psicológicos, sociológicos, ambientais, recursos humanos, financeiros, competências tecnológicas, equipamento e preparação do conteúdo.

Kauffman e Kumar (2005) indicaram três fases de difusão das TIC ao nível nacional de análise: a fase de preparação para as TIC, a fase de intensidade das TIC e a fase de impacto das TIC. Na primeira fase de preparação para as TIC, argumentam que, quando a tecnologia é nova para um país ou uma região, a preparação da sua população para a adotar é uma questão crucial.

Kaur e Abas (2004) observaram que a avaliação da preparação para as TIC permite conceber estratégias abrangentes de e-Leaming e implementar eficazmente os objectivos das TIC.

Krull (2003) afirmou que, de um modo geral, as avaliações da preparação para as TIC ajudam os líderes de um país a medir e a planear a integração das TIC, a concentrar os seus esforços e a identificar as áreas em que é necessária mais atenção

Molla e Licker (2005) resumiram a literatura e introduziram cinco perspectivas dominantes relevantes para a investigação da preparação eletrónica: a perspetiva do imperativo tecnológico, a perspetiva do imperativo de gestão, a perspetiva do imperativo organizacional, a perspetiva do imperativo ambiental e a perspetiva do interacionismo.

Os modelos de imperativos tecnológicos, como a difusão da inovação (DOI), o modelo de aceitação da tecnologia (TAM) e o modelo da teoria unificada de aceitação e utilização da tecnologia (UTAUT) medeiam a complexidade, a compatibilidade, a vantagem relativa, a conformidade com a tarefa, a confiança, as experiências, a auto-eficácia, a facilidade de utilização e a utilidade como variáveis-chave para a adoção das TIC.

Chang (2009) efectuou um estudo sobre a difusão e o grau de preparação para as TIC, tendo concluído que o grau de preparação é determinado pelas capacidades internas e pelos factores ambientais.

Laukkanen, Sinkkonen e Laukkanen (2008) avaliaram a resistência dos consumidores à banca pela Internet. O objetivo do estudo era compreender a resistência à inovação, dividindo os não adeptos da banca pela Internet em três grupos com base nas suas intenções de utilizar a inovação. Os resultados revelaram que as barreiras psicológicas estavam entre os factores determinantes da resistência. O estudo concluiu que os factores psicológicos determinam a preparação para a Internet.

Strohmeier e Kabst (2009) examinaram os factores que influenciam a adoção das TIC nas organizações agrícolas. Os resultados revelaram que os principais factores que determinam a preparação eletrónica são os factores tecnológicos e organizacionais.

O estudo de Scupola (2009) teve como objetivo fornecer uma visão sobre os factores para a adoção das TIC na agricultura e a sua implementação em pequenas e médias empresas. O estudo concluiu que os contextos organizacional, externo e técnico afectam a adoção e a implementação das TIC na agricultura em pequenas e médias empresas.

2.6. O quadro concetual

O quadro concetual de qualquer estudo ajuda a visualizar facilmente a relação entre as variáveis dependentes e independentes. O quadro concetual de Rosenberg e Hovland (I960) foi tido em conta ao elaborar a estrutura das variáveis dependentes e independentes do presente estudo. A preparação é definida como "estar preparado mental ou fisicamente para alguma experiência ou ação". Em termos de e-Leaming, Borotis e Poulymenakou (2004) definiram a preparação para o e-Leaming como "a prontidão mental ou física de uma organização para alguma experiência ou ação de e-Leaming". Barreira é um limite ou fronteira de qualquer tipo que restringe ou obstrui o progresso, o acesso, etc. As barreiras ao e-Leaming são heterogéneas e dependem de várias facetas, como as infra-estruturas, a política governamental, os factores culturais, os factores organizacionais e os recursos humanos. O estudo tentou centrar-se em dois conceitos: em primeiro lugar, a preparação e os obstáculos à utilização das TIC na agricultura e, em segundo lugar, as características seleccionadas dos inquiridos. Uma variável dependente pode influenciar e afetar através de forças interactivas de muitas características no seu meio envolvente. A variável dependente do estudo foi a perceção das barreiras e a preparação para a utilização das TIC. As variáveis independentes do estudo foram as características dos inquiridos, como a idade, a exposição à formação, a experiência de serviço, a satisfação no trabalho, a capacidade de inovação, o cosmopolitismo, o conhecimento das TIC, a fonte de informação e a aspiração. O quadro concetual do estudo foi apresentado na Figura 1. A partir da Fig. 1, pode ilustrar-se que as variáveis independentes do estudo influenciam a perceção das barreiras e a preparação para a utilização das TIC na agricultura.

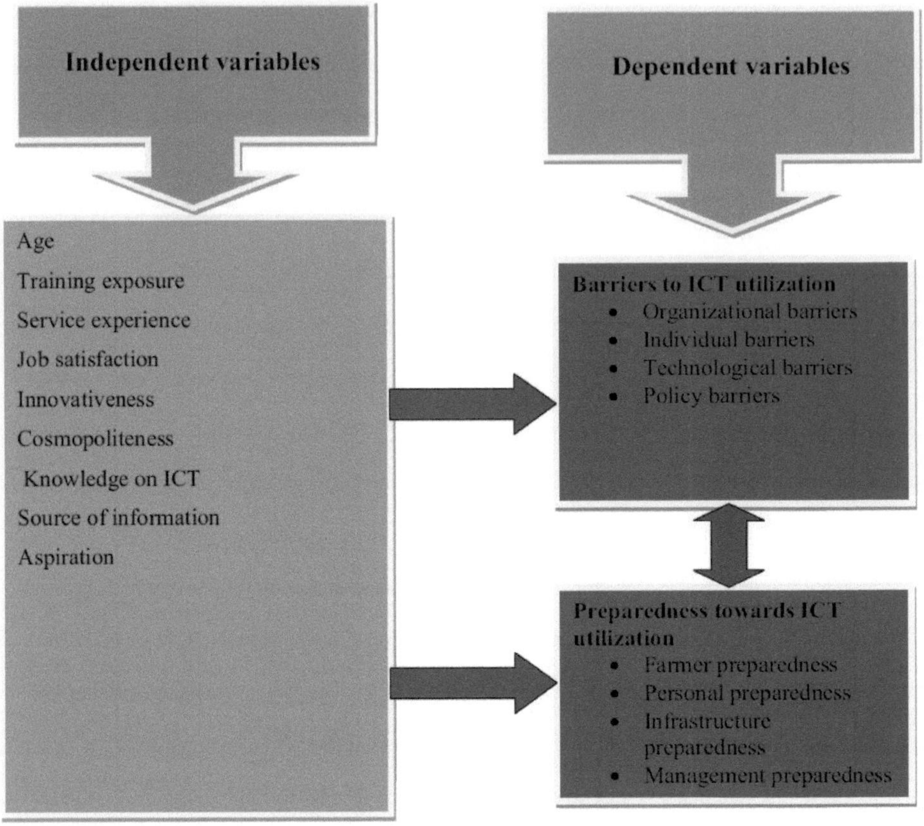

Figura 1. Quadro concetual do estudo

CAPÍTULO 3

METODOLOGIA

A metodologia de investigação é a descrição, a explicação e a justificação de vários métodos de realização de investigação. É considerada como a base do processo de investigação. Em termos gerais, a metodologia é constituída pelos princípios subjacentes e pelas regras de organização de um sistema filosófico ou de um procedimento de investigação (Urdong, 1968). Assim, a metodologia é o estudo sistemático e lógico dos princípios que orientam as investigações científicas (Gould e William, 1964). A seleção e a adoção de uma metodologia de investigação adequada estão relacionadas com a natureza do problema a resolver e com os objectivos do estudo (Abedin, 1996). Assim, uma metodologia adequada leva o investigador a atingir os seus objectivos de investigação de uma forma oposta, através do processo de recolha de dados válidos e fiáveis e da sua análise para chegar a uma solução lógica. No entanto, os métodos e procedimentos utilizados no presente estudo incluem a conceção da investigação, a unidade de análise, o local do estudo, os instrumentos e métodos de recolha de dados, o desenvolvimento do instrumento de recolha de dados, a recolha de dados, a medição das variáveis e o método de análise. Cada faceta da metodologia actua como a verve da investigação. Quanto mais precisa for a metodologia, mais válidos e fiáveis serão os dados e mais adequados serão os resultados da investigação. Por isso, o investigador foi muito vigilante na seleção dos componentes da metodologia. A seguir, os elementos da metodologia são discutidos sequencialmente.

3.1 Conceção da investigação

Um projeto de investigação é o plano pormenorizado de investigação. É a planta do procedimento pormenorizado de teste das hipóteses e de análise dos dados obtidos (Ray e Mondal, 1999). No presente estudo, foi aplicada a conceção de investigação descritiva e de diagnóstico. Com efeito, a conceção de investigação descritiva ajuda a enunciar as características de uma situação específica, de um grupo ou de indivíduos, e é utilizada para a recolha de factos com uma interpretação adequada. Por outro lado, a conceção de investigação diagnóstica e analítica ajuda a testar as hipóteses e a especificar e interpretar a relação entre as variáveis.

3.2 Unidade de análise

A unidade de análise é a parte mais elementar do fenómeno a estudar. Influencia a conceção da investigação, a recolha de dados e as decisões relativas à análise dos dados. Cada SAAO do distrito de Gazipur selecionado constituiu a principal unidade de análise do presente estudo.

3.3 O local do estudo

O inquérito foi efectuado no distrito de Gazipur, que inclui Kapasia, Sreepur, Kaliakoir, Kaligonj e Gazipur Sadar upazila do distrito de Gazipur. Os motivos que levaram à seleção deste distrito foram os seguintes

(a) O distrito tem um elevado nível de actividades de extensão

(b) A BSMRAU está bem comunicada com as zonas

(c) Fácil acesso do investigador às zonas

(d) Familiaridade do investigador com o dialeto e a cultura das populações das zonas seleccionadas

(e) Cooperação dos SAAOs das zonas seleccionadas para a realização do estudo.

A figura 2 apresenta um mapa dos distritos de Gazipur que mostra as zonas de estudo, nomeadamente Kapasia, Sreepur, Kaliakoir, Kaligonj e Gazipur Sadar upazila.

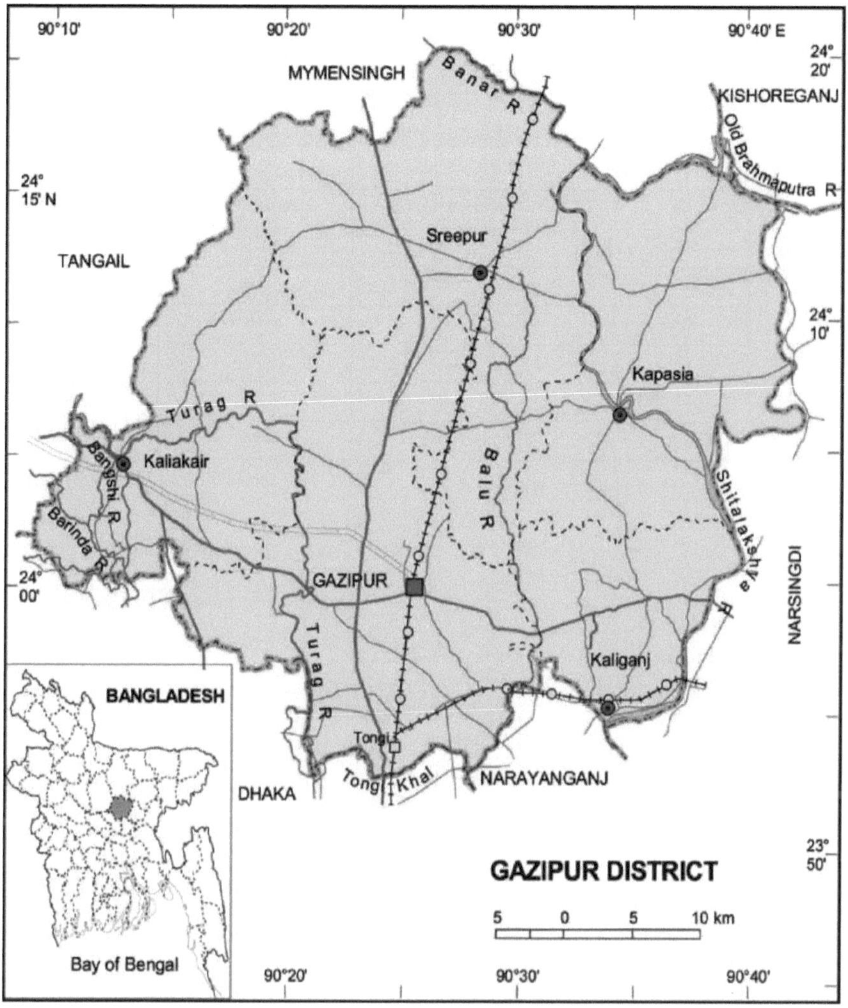

Fig.2 Mapa do Bangladesh que mostra o distrito de Gazipur e mapa do distrito de Gazipur que mostra as upazilas (área de estudo)

3.4 População e amostra do estudo

O número total de SAAOs nas upazilas de Kapasia, Sreepur, Kaliakoir, Kaligonj e Gazipur Sadar, no distrito de Gazipur, foi de 214, que constituem a população do estudo. Desta população, 90 (42%) inquiridos foram seleccionados como amostra do estudo, segundo o método de amostragem aleatória proporcional. Foi igualmente preparada uma lista de reserva de 10 SAAO para ser utilizada apenas quando um inquirido da lista original não estivesse disponível para ser entrevistado. No entanto, a distribuição da população, da amostra e dos inquiridos de uma lista de reserva é apresentada no Quadro 1.

Quadro 1. Distribuição da população, da amostra e dos inquiridos incluídos na lista de reserva em 5 upazilas do distrito de Gazipur

Distrito	Upazila	População	Amostra	Lista de reserva
Gazipur	Kapasia	50	21	2
	Sreepur	38	16	2
	Kaliakoir	38	16	2
	Kaligonj	37	15	2
	Gazipur sadar	51	22	2
Total		**214**	**90**	**10**

3.5 Instrumentos e métodos de recolha de dados

Para o presente estudo, foram recolhidos dados primários, secundários, quantitativos e qualitativos. Para a recolha de dados primários dos inquiridos, foi elaborado um programa de entrevistas pré-concebido, que foi pré-testado antes de ser finalizado.

3.6 Validade

Um instrumento de investigação é geralmente considerado válido quando os objectivos do estudo estão reflectidos no instrumento. Babbie (1986) definiu a validade como "um termo descritivo utilizado para uma medida que reflecte com precisão o conceito que se pretende medir". De acordo com Oppenhenim (1966), deve ser selecionado um painel de peritos para chegar a acordo sobre a validade de conteúdo do instrumento. Afirmou que a validade de conteúdo deve basear-se essencialmente na opinião dos peritos. Assim, o Comité Consultivo, Professores de outras disciplinas, BSMRAU, trabalhadores locais de desenvolvimento serviram como painel de peritos para estabelecer a validade de conteúdo do instrumento.

3.7 Fiabilidade

A fiabilidade refere-se ao grau de precisão e exatidão do instrumento. De acordo com Anastasi (1986), a fiabilidade refere-se à consistência das pontuações obtidas pelo mesmo indivíduo quando examinado novamente com o teste em diferentes ocasiões, ou com diferentes conjuntos de itens equivalentes, ou em condições de exame variáveis. O mesmo questionário foi aplicado duas vezes a um pequeno número de inquiridos durante o pré-teste e foram encontrados resultados semelhantes, pelo que se obteve a fiabilidade dos itens.

3.8 Desenvolvimento de instrumentos de recolha de dados

A fim de recolher informações pertinentes, foi elaborado um programa de entrevistas cuidadosamente e com a devida paciência, tendo em vista o objetivo do investigador. As perguntas e afirmações contidas no programa eram simples, directas e facilmente compreensíveis para os inquiridos. O programa continha perguntas abertas e fechadas. Foram aplicadas escalas e técnicas de medição adequadas para garantir respostas correctas à variável em causa.

A fim de melhorar, finalizar e preparar o programa de entrevistas para a recolha de dados, este foi pré-testado na área de estudo e as correcções, alterações e ajustamentos necessários foram feitos em conformidade, à luz das experiências reais e práticas e dos resultados do pré-teste. A versão inglesa do guião da entrevista é apresentada no Anexo A.

3.9 Recolha de dados

Os dados foram recolhidos junto dos inquiridos através de contacto pessoal pelo próprio investigador. Antes da recolha de dados, o investigador reuniu-se com os respectivos responsáveis pela agricultura da Upazila. O investigador pediu aos SAAOs inquiridos que prestassem a ajuda e a cooperação necessárias para a recolha de dados. O investigador envidou todos os esforços possíveis para estabelecer uma relação com os inquiridos, de modo a que estes se sentissem à vontade para responder às perguntas do questionário. Foram feitos todos os esforços para explicar aos inquiridos o objetivo do estudo. Foi dada a máxima prioridade à compreensão da pergunta por parte dos inquiridos, colocando a mesma pergunta de formas diferentes até que o inquirido a compreendesse. Foi proibida a parcialidade da utilização ou a uniformidade da entrevista. As respostas foram registadas sinceramente de acordo com o que o inquirido disse, sem que o investigador fizesse juízos pessoais ou comentários sobre as mesmas. Se o inquirido não fosse suficientemente claro sobre o que pretendia dizer com a pergunta feita, eram feitas perguntas suplementares para obter mais esclarecimentos. Sempre que um inquirido sentia dificuldade em compreender uma pergunta, era-lhe pedido que o ajudasse a compreender a mesma. Embora o investigador tenha feito todos os esforços para chegar a todos os inquiridos nas instalações da UAO, não foi possível recolher dados de cinco inquiridos da amostra, uma vez que estes não estavam disponíveis durante a entrevista. Por conseguinte, o investigador foi obrigado a substituir os inquiridos indisponíveis por cinco indivíduos da lista de reserva. Todo o processo de recolha de dados decorreu de 25 de julho de 2012 a 5 de setembro de 2012.

3.10 Processamento de dados

Os dados recolhidos junto dos inquiridos foram codificados, compilados, tabulados e analisados de acordo com os objectivos do estudo. Os dados qualitativos foram convertidos em dados quantitativos, atribuindo-lhes uma pontuação adequada sempre que necessário.

3.11 Seleção de variáveis dependentes e independentes

O investigador teve o cuidado adequado na seleção das variáveis do estudo. Tendo em conta os factores pessoais, económicos, sociais e psicológicos do SAAO, o tempo e os recursos de que o investigador dispõe, a análise da literatura pertinente e o debate com peritos na matéria, o investigador seleccionou as variáveis para o estudo.

Neste estudo, foram utilizados dois tipos de variáveis: as variáveis independentes e as variáveis dependentes. Townsend (1953) definiu uma variável independente como o fator manipulado pelo experimentador na sua tentativa de determinar a sua relação com um fenómeno observado. Também definiu uma variável dependente como o fator que aparece, desaparece ou varia à medida que o experimentador introduz, remove ou varia as variáveis independentes. As características seleccionadas dos inquiridos, como a idade dos inquiridos, a experiência de serviço, a exposição à formação, a capacidade de inovação, a cosmopolitismo, a satisfação com o trabalho, o conhecimento das TIC, a fonte de informação que utilizam e a aspiração foram consideradas como variáveis independentes deste estudo. A perceção dos extensionistas agrícolas sobre as barreiras e a preparação para a utilização das TIC foi considerada como variável dependente deste estudo.

3.12 Medição das variáveis

3.12.1 Idade

A idade de um inquirido foi medida através da contagem dos anos desde o seu nascimento até ao momento da entrevista. Foi atribuída uma pontuação de um (1) a cada ano de idade. A idade foi medida em anos completos, de acordo com a declaração do inquirido. Por exemplo, um inquirido com 23 anos de idade obteve 23 pontos (Item nol, Apêndice A). Os inquiridos foram classificados nas três categorias seguintes, tal como sugerido por Haider (2010):

Categorias

Jovens (até 35 anos)
Médio (36-45 anos)
Velho (>45 anos)

3.12.2 Experiência de serviço

A experiência de serviço foi determinada pela duração da experiência de um inquirido nos serviços de extensão agrícola. Por exemplo, se um inquirido tivesse prestado serviços de extensão agrícola durante dois anos, a sua pontuação seria de 2; e se tivesse prestado serviços durante dez anos, a pontuação seria de 10 (Item n.º 2, Anexo A). Os inquiridos foram classificados em três categorias com base na sua experiência de serviço, de acordo com Islam (2011).

Categorias

Curto prazo (até 10 anos)

Médio prazo (11-20 anos)

Longo prazo (mais de 20 anos)

3.12.3 Exposição à formação

Exposição do inquirido à formação, calculada pelo número de formações que o inquirido recebeu em TIC. Por exemplo, se um inquirido recebeu 5 acções de formação em TIC, então a sua pontuação é atribuída pela pontuação de "5"; e se não recebeu qualquer formação em TIC, então a sua pontuação é atribuída pela pontuação de "0". Com base na pontuação da formação, os inquiridos foram classificados em quatro categorias, tal como feito por Wadud (2010).

Categorias

Sem formação (0)
Baixa formação (1-3)
Formação média (4-5)
Formação elevada (superior a 5)

3.12.4 Inovação

Refere-se ao grau em que um indivíduo é relativamente mais precoce na adoção de novas ideias do que outros membros do seu sistema social (Rogers, 1995). A capacidade de inovação de um inquirido foi medida com base no período de adoção de algumas novas tecnologias ou práticas. As pontuações foram atribuídas com base no tempo exigido por um SAAO para adotar cada uma das práticas da seguinte forma

Período de adoção	**Pontuação**
Não utilizar	0
No prazo de 5 anos após a introdução e mais	1
No prazo de 4 anos após a introdução	2
No prazo de 3 anos após a introdução	3
No prazo de 2 anos após a introdução	4
No prazo de 1 ano	5

Por exemplo, se um inquirido tiver adotado uma prática no prazo de 5 anos, então a sua pontuação é atribuída a 5; e se não tiver utilizado essas práticas, embora as conhecesse, então a sua pontuação é atribuída a 0. A pontuação de inovação da SAAO pode variar entre 0 e 45, ou seja, 0 (zero) indica "nenhuma inovação" e 45 "inovação muito elevada". Os inquiridos foram classificados em três categorias com base na pontuação média observada em termos de inovatividade e no desvio-padrão, do seguinte modo

Categorias

Baixo grau de inovação (até 18)

Capacidade de inovação média (19-30)

Elevado carácter inovador (superior a 30)

3.12.5 Cosmopolitismo

O cosmopolitismo é definido como o grau em que um indivíduo visita lugares fora da sua localidade, a partir do seu próprio sistema social. Foi calculada uma pontuação de cosmopolitismo para cada um dos inquiridos, a fim de determinar o seu grau de exposição com base no número de visitas a diferentes locais fora de casa. Foi pedido a cada inquirido que indicasse o número de visitas a oito tipos de locais, assinalando qualquer uma de cinco respostas diferentes: "regularmente", "frequentemente", "ocasionalmente", "raramente" e "de todo", com pontuações correspondentes de 4, 3, 2, 1 e 0, respetivamente. O grau de cosmopolitismo de um inquirido foi obtido através da soma dos pesos atribuídos às suas visitas aos 8 tipos de locais.

A pontuação de cosmopolitismo pode variar entre 0 e 32, sendo que 0 indica ausência de cosmopolitismo e 32 indica o nível mais elevado de cosmopolitismo. Os inquiridos foram classificados em três categorias com base na pontuação média observada em termos de inovação e no desvio-padrão, da seguinte forma

Categorias

Baixo nível de cosmopolitismo (até 15)

Cosmopolitismo médio (16-25)

Elevada cosmopolitismo (acima de 25)

3.12.6 Satisfação profissional

A satisfação profissional do inquirido foi calculada utilizando uma escala de classificação de tipo Likert de 5 pontos (Anexo A). No caso de um item positivo, foram atribuídas pontuações de 05, 04, 03, 02 e 01 às respostas correspondentes de "concordo totalmente", "concordo", "indeciso", "discordo" e "discordo totalmente", respetivamente. No caso de um item negativo, foram atribuídas as pontuações 05, 04, 03, 02 e 01 às respostas correspondentes de "discordo totalmente", "discordo", "indeciso", "concordo" e "concordo totalmente", respetivamente. Assim, a pontuação da satisfação profissional de um inquirido foi obtida através da soma dos pesos atribuídos às suas dez afirmações diferentes. A satisfação profissional de um inquirido pode variar entre 10 e 50, sendo que "10" indica uma satisfação profissional baixa e "50" indica uma satisfação profissional muito elevada. Os inquiridos foram classificados em três categorias com base na pontuação da satisfação profissional, de acordo com Islam (2011).

Categorias

Baixa satisfação no trabalho (até 22)

Satisfação profissional média (23-34)

Satisfação profissional elevada (acima de 34)

3.12.7 Conhecimento

A pontuação do conhecimento do inquirido foi calculada para determinar o grau da sua consciência e ideia sobre as TIC. Foram seleccionadas 15 afirmações de 10 que foram finalizadas no programa de entrevistas para medir o conhecimento do SAAO sobre as TIC (Anexo-A). A cada pergunta foram atribuídos 2 pontos. Para uma resposta correcta, o inquirido recebeu nota máxima e, para uma resposta parcial, meia nota (ou seja, 01). No caso de respostas incorrectas, foi atribuída uma pontuação de '0'. Assim, a pontuação do conhecimento de um inquirido sobre as TIC podia variar entre 0 e 20, sendo que "0" indicava "nenhum conhecimento" e "20" indicava um conhecimento muito elevado". Finalmente, o conhecimento dos inquiridos foi classificado em três categorias, tendo em conta a pontuação média de conhecimento e o desvio padrão, da seguinte forma

Categorias

Pouco conhecimento (até 10)

Conhecimento médio (11-14)

Conhecimento elevado (acima de 14)

3.12.8 Fonte de utilização da informação

A pontuação relativa à fonte de informação foi calculada para cada inquirido, a fim de determinar o grau de conhecimento que este adquiriu a partir de diferentes fontes de informação potenciais. Foi pedido a cada inquirido que assinalasse as suas respostas em relação a dez afirmações diferentes numa escala de classificação de cinco pontos: "sempre", "frequentemente", "ocasionalmente", "raramente" e "nunca", e os pesos correspondentes atribuídos a cada resposta foram 4,3,2, 1 e 0, respetivamente. Assim, a pontuação relativa à utilização das fontes de informação de um inquirido foi obtida através da soma dos pesos atribuídos às suas dez fontes potenciais diferentes. A pontuação relativa à utilização das fontes de informação pode variar entre 0 e 40, sendo que 0 indica que não se utiliza nenhuma fonte de informação e 40 indica o nível mais elevado de utilização da fonte de informação. Finalmente, as utilizações das fontes de informação dos inquiridos foram classificadas em três categorias, tendo em conta a pontuação média de utilização da informação e o desvio padrão, como se segue:

Categorias

Baixa utilização de fontes de informação (até 18)

Utilização média das fontes de informação (19-28)

Elevada utilização de fontes de informação (acima de 28)

3.12.9 Aspiração

A pontuação relativa à aspiração foi calculada para cada inquirido, a fim de determinar o grau de desejo que este tem para a sua própria vida. A aspiração de um inquirido é definida como o "padrão" estabelecido por um beneficiário relativamente ao nível que pretende atingir com o seu desempenho futuro. A aspiração leva-nos a trabalhar arduamente e a adquirir conhecimentos e competências suficientes sobre um determinado aspeto. A aspiração de uma pessoa pode influenciar a sua perceção. A aspiração de um inquirido foi avaliada com base numa escala de medição do tipo Likert de cinco itens e cinco pontos (tal como utilizada por Torab, 2007): concordou fortemente, concordou, indeciso, discordou e discordou fortemente. Os pesos correspondentes atribuídos foram: 5,4,3,2 e 1, respetivamente, para as afirmações positivas e pontuação invertida para as afirmações negativas. A pontuação de aspiração pode variar entre 5 e 25, sendo que 5 indica uma aspiração baixa e 20 indica o nível mais elevado de aspiração. Os inquiridos foram classificados em três categorias com base na pontuação média de aspiração observada e no desvio padrão, da seguinte forma

Categorias

Baixa aspiração (até tol2)

Aspiração média (13-16)

Aspiração elevada (superior a 16)

3.12.10 Barreiras

Para medir os obstáculos à utilização das TIC, foi utilizada uma escala de tipo Likert de 5 pontos, variando de 1 como "discordo totalmente" a 5 como "concordo totalmente". Foi pedido aos inquiridos que classificassem 20 afirmações com base numa escala de tipo Likert de cinco pontos sobre quatro aspectos que estão associados aos obstáculos à utilização das TIC na agricultura. Estes aspectos eram barreiras organizacionais, barreiras individuais, barreiras tecnológicas e barreiras políticas. A barreira de um inquirido foi obtida através da soma dos pesos das suas 20 afirmações sobre quatro aspectos relativos às barreiras. A pontuação dos obstáculos pode variar entre 20 e 100, sendo que 20 indica obstáculos baixos e 100 indica o nível mais elevado de obstáculos. A pontuação atribuída a cada resposta é apresentada a seguir:

Respostas	Pesos
Concordo plenamente	5
Concordar	4
Indecisos	3
Não concordo	2
Discordo totalmente	1

Com base na pontuação das barreiras do indivíduo em quatro aspectos, os inquiridos foram classificados em três categorias, como se segue:

Categorias

Barreiras baixas (até 15)

Barreiras médias (16-20)

Barreiras elevadas (mais de 20)

Além disso, com base na pontuação global dos obstáculos dos inquiridos, a pontuação global dos obstáculos foi classificada em três categorias, tendo em conta a pontuação média dos obstáculos e o desvio-padrão, da seguinte forma

Categorias

Barreiras baixas (até 62)

Barreiras médias (62-82)

Barreiras elevadas (acima de 82)

3.12.11 Preparação

Para medir o grau de preparação dos inquiridos para a utilização das TIC, foi utilizada uma escala de tipo Likert de 5 pontos, variando de 1 como "discordo totalmente" a 5 como "concordo totalmente". Foi pedido aos inquiridos que classificassem 20 afirmações com base numa escala de tipo Likert de cinco pontos sobre quatro aspectos que estão associados à preparação para a utilização das TIC na agricultura. Estes aspectos eram a preparação do agricultor, a preparação pessoal, a preparação das infra-estruturas e a preparação da gestão. A pontuação de preparação de um inquirido foi obtida através da soma dos pesos das suas 20 afirmações sobre quatro aspectos relacionados com a preparação. A pontuação do grau de preparação de um inquirido pode variar entre 20 e 100, sendo que 20 indica um grau de preparação baixo e 100 indica o grau de preparação mais elevado. A pontuação atribuída a cada resposta é apresentada a seguir:

Respostas	**Pesos**
Concordo plenamente	5
Concordo	4
Indecisos	3
Não concordo	2
Discordo totalmente	1

Com base na pontuação de preparação do indivíduo em quatro aspectos, os inquiridos foram classificados em três categorias, como se segue:

Categorias

Baixo grau de preparação (até 15)
Grau de preparação médio (16-20)
Elevado grau de preparação (superior a 20)

Além disso, com base na pontuação global de preparação dos inquiridos, a pontuação global de preparação foi classificada em três categorias, tendo em conta a pontuação média de preparação e o desvio padrão, como se segue:

Categorias

Baixo grau de preparação (até 56)
Grau de preparação médio (57-76)
Elevado grau de preparação (superior a 76)

Índice médio

Para medir o grau de perceção das barreiras e da preparação, foi utilizado o Índice Médio Modificado (IM), desenvolvido por Biswas (2004).

O índice médio dos inquiridos foi calculado -

$$\text{Mean Index (MI)} = \frac{f_1X_1 + f_2 X_2 + \ldots\ldots + f_nXn}{N} \times 100$$

$$= \frac{\sum^{n}{}_{i=0} f_nX_n}{N} \times 100$$

Onde,

X_i = valor da escala na i^{th} prioridade da declaração

f_i = Frequência das respostas a essa afirmação

n = número de declarações no parâmetro

N = número de inquiridos

i = 1,2,3, ... n

3.13 Técnicas estatísticas utilizadas

O programa informático SPSS/PC + (Statistical Package for Social Sciences) foi utilizado para efetuar a análise dos dados. Para descrever e interpretar os dados, foram utilizadas medidas estatísticas descritivas como a amplitude, a média, a distribuição numérica e percentual e o desvio padrão. Para explorar as relações entre as variáveis dependentes e independentes, foi utilizado o coeficiente de correlação (r). Ao longo do estudo, foi utilizado um nível de probabilidade de 5% (0,05) com um nível de confiança de 95% como base para rejeitar ou aceitar a hipótese nula.

CAPÍTULO 4
RESULTADOS E DISCUSSÃO

A secção de resultados e discussão é uma das partes principais e mais importantes de um relatório de investigação. Este capítulo trata da apresentação sistemática e lógica dos resultados das investigações, seguida das suas interpretações adequadas. As conclusões do estudo e a interpretação dos resultados são apresentadas neste capítulo em cinco secções. A primeira secção trata das características seleccionadas dos inquiridos. A segunda secção trata da perceção dos extensionistas agrícolas sobre as barreiras à utilização das TIC. A terceira secção trata das relações entre as características seleccionadas dos inquiridos e a sua perceção sobre as barreiras. A quarta secção trata da perceção dos trabalhadores da extensão agrícola sobre a preparação para a utilização das TIC, enquanto a quinta secção trata das relações entre as características seleccionadas dos inquiridos e a sua perceção sobre a preparação para a utilização das TIC.

As conclusões do estudo e a sua interpretação lógica são sistematicamente apresentadas neste capítulo, de acordo com os objectivos do estudo.

4.1 Características seleccionadas dos trabalhadores da extensão agrícola

No presente estudo, foram seleccionadas para investigação nove características dos extensionistas agrícolas. Essas características eram a idade, a experiência de serviço, a exposição à formação, a capacidade de inovação, o cosmopolitismo, a satisfação no trabalho, o conhecimento das TIC, a fonte de informação e a aspiração.

4.1.1 Idade

A idade de um indivíduo é um fator social importante em muitos aspectos. É um dos factores mais importantes no que se refere à constituição da personalidade de uma pessoa. A idade dos inquiridos variava entre os 26 e os 56 anos, com uma média de 37,04 anos e um desvio padrão de 6,68. Os inquiridos foram classificados nas três categorias seguintes, apresentadas no Quadro 2.

Tabela 2. Distribuição dos inquiridos de acordo com a sua idade

Categorias	Inquiridos		Média	SD
	Número	Percentagem		
Jovens (até 35 anos)	28	31.1		
Idade média (36 a 45 anos)	51	56.7	37.04	6.68
Velho (> 45)	11	12.2		
Total	**90**	**100**		

Os dados apresentados no Quadro 2 indicam que as pessoas de meia-idade constituíam a maior proporção (56,7%) dos inquiridos, seguidas da categoria dos jovens (31,1%) e da categoria dos idosos (12,2%). A percentagem cumulativa da categoria jovem e de meia-idade foi de 87,8%, constituindo a grande maioria dos inquiridos. Os inquiridos mais jovens e de meia-idade tendem geralmente a ter uma visão mais ampla e a ter mais contactos sociais e com os meios de comunicação social do que os inquiridos mais velhos. Isso ajuda-os a tornarem-se mais conscientes e sensibilizados para as questões relacionadas com a agricultura e as TIC, bem como a desenvolverem uma perceção favorável em relação à utilização das TIC.

4.1.2 Experiência de serviço

A experiência de serviço refere-se à duração do envolvimento em actividades de serviço. Ajuda um indivíduo a compreender o seu objetivo de serviço e a tomar decisões correctas. A agricultura é uma atividade complexa e só se adquirem conhecimentos específicos após uma longa experiência. A pontuação da experiência de serviço dos inquiridos variou entre 1 e 28, com uma média de 10,24. Os inquiridos, com base nas suas pontuações de experiência de serviço, foram classificados em três categorias: experiência de serviço a curto prazo, a médio prazo e a longo prazo (Quadro 3).

Tabela 3. Distribuição dos inquiridos de acordo com a sua experiência de serviço

Categories	Respondents		Mean
	Number	Percent	
Short term (up to 10 years)	56	62.2	
Medium term (11-20 years)	25	27.8	10.24
Long term (above 21-30 years)	9	10	
Total	**90**	**100**	

Os resultados apresentados no Quadro 3 mostram que a maior proporção (62,2%) dos inquiridos se enquadrava na categoria de experiência em serviços de curto prazo, em comparação com 27,8% na categoria de experiência em serviços de médio prazo e apenas 10% na categoria de experiência em serviços de longo prazo. A percentagem cumulativa das categorias de experiência em serviços de curto e médio prazo foi de 90%, constituindo a grande maioria dos inquiridos.

4.1.3 Exposição à formação

A formação desempenha um papel fundamental no desenvolvimento dos conhecimentos, das aptidões e das atitudes de uma pessoa, o que a torna mais capaz e competente. A formação ajuda um indivíduo a participar mais ativamente e com confiança no processo de desenvolvimento. A exposição dos inquiridos à formação em diferentes matérias relacionadas com as TIC variou de 0 a 5, com uma média de 1,41. Os inquiridos foram classificados nas seguintes categorias apresentadas na Figura 3.

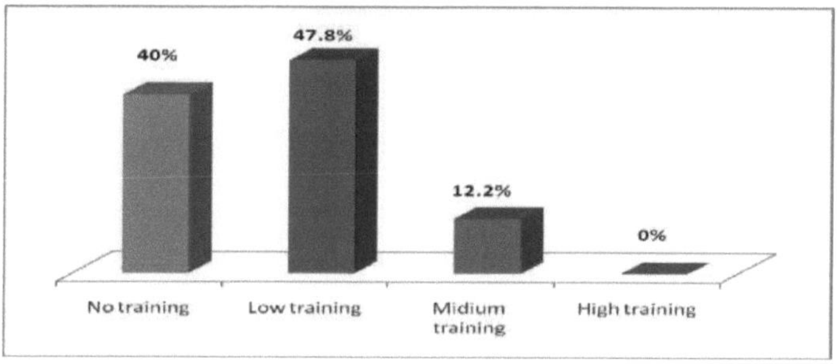

Figura 3. Distribuição dos inquiridos de acordo com a formação recebida em TIC

Os resultados apresentados na Figura 3 revelam que cerca de metade dos inquiridos (47,8%) recebeu pouca formação, enquanto uma grande parte deles (40%) não recebeu qualquer formação, em comparação com 12,2% que tiveram uma experiência de formação média. A percentagem acumulada das categorias de formação de baixa e média duração foi de 60%, o que constituiu a grande maioria dos inquiridos. Estes resultados indicam que os extensionistas agrícolas receberam pouca formação em TIC.

4.1.4 Inovação

A capacidade de inovação de um indivíduo refere-se à sua propensão para aceitar novas ideias e práticas. Os inquiridos com baixo grau de capacidade de inovação são susceptíveis de enfrentar dificuldades na adoção de tecnologias modernas. Para um inquirido, o carácter inovador é uma caraterística que o ajuda a considerar e a aceitar novas tecnologias mais cedo do que outros membros da sociedade. Para medir a capacidade de inovação de um inquirido, foi calculada uma pontuação de capacidade de inovação, que variava entre 14 e 40, sendo a média de 24,49. Com base nas pontuações de inovatividade, os inquiridos foram classificados em três categorias: inovatividade baixa, inovatividade média e inovatividade alta (Figura 4). Os resultados contidos na Figura 4 revelam que a maioria (55,6%) dos inquiridos se enquadrava na categoria de inovatividade média, em comparação com 23,3% que se enquadravam na categoria de inovatividade baixa e 21,1% na categoria de inovatividade alta. A proporção mais elevada (78,9%) dos inquiridos neste estudo tinha uma capacidade de inovação baixa a média.

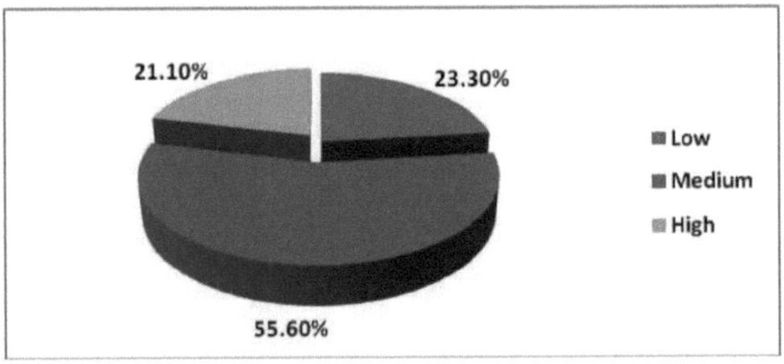

Figura 4. Distribuição dos inquiridos de acordo com a sua capacidade de inovação

4.1.5 Cosmopolitismo

As pontuações de cosmopolitismo observadas dos inquiridos variaram entre 9 e 29, com uma média de 19,67. Com base nas pontuações de cosmopolitismo, os inquiridos foram classificados em três categorias, como mostra a Tabela 4.

Tabela 4. Distribuição dos inquiridos de acordo com o seu cosmopolitismo

Categorias	Inquiridos		Média
	Número	Percentagem	
Baixa (até 15)	16	17.8	
Médio (16-25)	63	70	19.67
Grande acima de 25)	11	12.2	
Total	**90**	**100**	

Os resultados revelaram que o máximo de inquiridos (70%) tinha cosmopolitismo médio, seguido de 17,8% de cosmopolitismo baixo e apenas 12,2% de cosmopolitismo alto. Isto significa que a maioria dos inquiridos (87,8%) se enquadrava nas categorias de cosmopolitismo médio e baixo. Através da qualidade de cosmopolitismo, um indivíduo toma conhecimento da informação recente. Aqui, a maioria dos inquiridos tinha cosmopolitismo médio, pelo que podem formar uma perceção favorável em relação à implementação das TIC na agricultura.

4.1.6 Satisfação profissional

As pontuações de satisfação profissional dos inquiridos variaram entre 16 e 44, com uma média de 28,44. Os inquiridos, com base nas suas pontuações de satisfação no trabalho, foram classificados em três categorias: baixa, média e alta satisfação no trabalho (Tabela 5). A informação fornecida na Tabela 5 mostra que a maior proporção (56,7%) dos inquiridos caiu na categoria de satisfação profissional média, em comparação com 25,5% na categoria de satisfação profissional baixa e 17,8% na categoria de satisfação profissional elevada.

Tabela 5. Distribuição dos inquiridos de acordo com a sua satisfação no trabalho

Categorias	**Inquiridos**		**Média**
	Número	**Percentagem**	
Baixa (até 22)	23	25.5	
Médio (23-34)	51	56.7	28.44
Elevado (acima de 34)	16	17.8	
Total	**90**	**100**	

A percentagem cumulativa das categorias de satisfação profissional baixa e média constituiu a grande maioria dos inquiridos (82,2%), o que constitui uma grande preocupação que ameaça no futuro a prestação de serviços profissionais sinceros e dedicados.

4.1.7 Utilização de fontes de informação

O contacto com as fontes de informação ajuda um indivíduo a pensar claramente sobre algo e a adquirir conhecimentos que, em última análise, o levam a resolver o problema mais facilmente. A utilização das fontes de informação é uma das componentes mais importantes para sensibilizar os trabalhadores da extensão agrícola para as várias questões relacionadas com o desenvolvimento agrícola. As pontuações dos inquiridos na utilização das fontes de informação variaram entre 14 e 35, com uma média de 23,03. Com base nas pontuações de utilização das fontes de informação, os inquiridos foram classificados em três categorias: baixa utilização, média utilização e alta utilização, como mostra a Tabela 6.

Tabela 6. Distribuição dos inquiridos de acordo com a sua utilização das fontes de informação

Categorias	**Inquiridos**		**Média**
	Número	**Percentagem**	
Baixo (até 8)	18	20	
Médio (19-28)	58	64.4	23.03
Elevado (acima de 28)	14	15.6	
Total	**90**	**100**	

As conclusões apresentadas no Quadro 6 indicam que a maior proporção (64,4%) dos inquiridos se enquadrava na categoria de utilização média das fontes de informação, 20% na categoria de utilização baixa das fontes de informação e apenas 15,6% na categoria de utilização elevada das fontes de informação. Em geral, os inquiridos tomam conhecimento das tecnologias agrícolas modernas e das TIC através do contacto com várias fontes de informação. No entanto, os resultados revelaram que a esmagadora maioria (84,4%) dos inquiridos utilizava fontes de informação de nível baixo a médio. Obviamente, estes inquiridos não estavam devidamente informados sobre as tecnologias agrícolas modernas das TIC.

4.1.8 Conhecimento

O conhecimento de um indivíduo aumenta a sua consciência, o seu estado de alerta mental e torna-o familiarizado com factos, objectos, conceitos ou práticas. É muito provável que o conhecimento esteja ligado à educação. A educação permite a uma pessoa adquirir conhecimentos e ajuda-a a tornar-se racional, o que, por sua vez, aumenta a sua percetibilidade. As pontuações de conhecimento sobre TIC dos inquiridos variaram entre 7 e 18, com uma média de 11,92 e um desvio padrão de 2,62. Os inquiridos, com base nas suas pontuações de conhecimento sobre as TIC, foram classificados em três categorias: baixo conhecimento, conhecimento médio e alto conhecimento (Quadro 7).

Tabela 7. Distribuição dos inquiridos de acordo com os seus conhecimentos

Categories	Respondents		Mean	SD
	Number	Percent		
Low (up to 10)	29	32.2		
Medium (11-14)	47	52.2	11.92	2.62
High (above 15)	14	15.6		
Total	**90**	**100**		

Os resultados apresentados na Tabela 7 mostram que a maior proporção (52,2%) dos inquiridos estava na categoria de conhecimento médio, em comparação com 32,2% na categoria de conhecimento baixo e apenas 15,6% na categoria de conhecimento alto. No entanto, observa-se que uma esmagadora maioria (84,4%) dos inquiridos na área de estudo tinha conhecimentos baixos a médios sobre as TIC. Assim, o departamento de extensão agrícola do governo e outras organizações governamentais e ONGs podem dar maior ênfase à formação dos SAAOs para melhorar os seus conhecimentos sobre as TIC para o desenvolvimento agrícola.

4.1.9 Aspiração

As pontuações de aspiração dos SAAOs inquiridos variaram entre 8 e 20, com uma média de 14,42. Com base nas suas pontuações de aspiração, os inquiridos foram classificados em três categorias: aspiração baixa, aspiração média e aspiração alta (Quadro 8). A aspiração de qualquer pessoa pode aumentar com a sua educação, conhecimentos e consciencialização. A informação fornecida na tabela 8 mostra que a maior proporção (45,6%) dos inquiridos caiu na categoria de aspiração média, em comparação com 31,1% na categoria alta e apenas 23,3% na categoria baixa.

Tabela 8. Distribuição dos inquiridos de acordo com as suas aspirações

Categories	Respondents		Mean
	Number	Percent	
Low (Up to12)	28	31.1	
Medium (13-16)	41	45.6	14.12
High (above 16)	21	23.3	
Total	**90**	**100**	

No entanto, observa-se que uma maioria esmagadora (76,7%) dos SAAOs na área de estudo tinha aspiração de nível baixo a médio. Por conseguinte, pode-se depreender que, devido ao baixo conhecimento das TIC, a maioria dos SAAO na área de estudo pode ter exposto uma aspiração média.

4.2 Perceção dos obstáculos à utilização das TIC na agricultura

Esta secção descreve a distribuição dos inquiridos de acordo com a sua perceção das barreiras. As barreiras percebidas pelos inquiridos na área de estudo foram conceptualizadas como consistindo em quatro aspectos. Estes aspectos incluem: i) barreiras organizacionais ii) barreiras pessoais iii) barreiras tecnológicas e iv) barreiras políticas e a sua ordem de classificação é apresentada na Tabela 9. A ordem de classificação das afirmações que consideram quatro aspectos relativos às barreiras à utilização das TIC de acordo com o seu índice de barreiras foi também apresentada na Tabela 9 para uma compreensão clara da perceção comparativa do SAAO sobre as afirmações de cada aspeto.

Tabela 9. Ordem de classificação das afirmações relativas às barreiras percepcionadas em quatro aspectos com base no respetivo índice de barreiras

SI. Não	**Declarações**	**Âmbito da opinião n=90**					**BI***	**Classificação**
	Barreiras organizacionais	**SA***	**A**	UD	**DA**	**SDA**		
1.	Limitações do apoio técnico da organização	42	28	17	3	0	421	1
2.	Falta de formação para aprender TIC	26	36	22	3	2	392	2
3.	Falta de interesse dos gestores de topo e dos peritos em extensão na utilização das TIC	30	27	13	20	0	375	3
4.	Falta de familiaridade do gestor de topo com as aplicações TIC	18	34	28	10	0	367	4
5.	Falta de sensibilização para a disponibilidade das TIC	12	33	27	17	1	342	5
	Barreiras pessoais							
1.	Há falta de competências para utilizar as TIC	51	29	7	3	0	442	1
2.	Exigir novos conhecimentos para utilizar as TIC	39	24	19	9	2	392	2
3.	Falta de confiança na capacidade de utilizar as TIC	29	28	13	18	2	372	3
4.	Problemas linguísticos na utilização das TIC	16	26	27	20	1	341	4
5.	Problemas de gestão do tempo na aprendizagem da utilização das TIC	6	24	32	25	3	308	5

	Barreiras tecnológicas							
1.	Baixo nível de literacia informática na comunidade agrícola	34	28	21	5	2	397	1
2.	Falta de hardware e software adequados	31	27	11	20	1	374	2
3.	A limitação da formação virtual para as técnicas operacionais	18	32	21	16	3	351	3
4.	Desenvolvimento deficiente das infra-estruturas no sector agrícola	22	27	12	24	5	344	4
5.	Sistemas de telecomunicações fracos e linhas telefónicas antigas	18	27	20	19	6	335	5
	Barreiras políticas							
1.	Falta de visão estratégica no desenvolvimento do ensino eletrónico	26	26	22	13	3	365	1
2.	As políticas e regulamentos governamentais existentes sobre as TIC são instáveis	18	39	12	20	1	358	2
3.	O orçamento para a disponibilidade das TIC no sector agrícola é limitado	27	18	18	26	1	349	3
4.	Falta de regras adequadas para a utilização do ensino eletrónico	13	32	24	20	1	340	4
5.	A legislação relativa às políticas em matéria de TIC no sector agrícola não é favorável	13	19	40	17	1	329	5

BI= Índice de Barreira, SA= Concordo fortemente, A= Concordo, UD= Indeciso, DA= Discordo SDA= Discordo fortemente

Os dados contidos na Tabela 9 indicam que os inquiridos mostraram maior preocupação com as barreiras organizacionais no que diz respeito às 'limitações do apoio técnico da organização' como a mais elevada (com BI = 421), seguida da 'falta de formação para aprender as TIC' como a segunda mais elevada (BI = 392). A preocupação mais baixa foi em relação à "falta de sensibilização para a disponibilidade das TIC" (BI = 342). Os dados também revelaram que, no caso das barreiras pessoais, a maioria dos inquiridos opinou que "há falta de competências para utilizar as TIC", em primeiro lugar (BI =442), seguido de "necessidade de novos conhecimentos para utilizar as TIC", em segundo lugar (BI =392). Os restantes três, ou seja, "falta de confiança na capacidade de utilizar as TIC", "problemas linguísticos para utilizar as TIC" e "problemas de gestão do tempo para aprender a utilizar as TIC", ficaram em terceiro (BI =372), quarto (BI =341) e quinto (BI =308) lugares, respetivamente. No caso do aspeto das barreiras tecnológicas, os inquiridos expressaram as suas opiniões sobre o 'baixo nível de literacia informática na comunidade agrícola' como o mais elevado (BI =397), seguido da 'falta de hardware e software adequados' como o segundo mais elevado (BI =374) e 'sistemas de telecomunicações fracos e linhas telefónicas antigas' como o mais baixo (BI =353). Os dados contidos na Tabela 9 mostram que os inquiridos expuseram a maior preocupação sobre as barreiras políticas no que diz respeito à "falta de visão estratégica no desenvolvimento do e-learning" como a mais elevada (BI =365), seguida de "as políticas e regulamentos governamentais existentes sobre as TIC são instáveis" como a segunda mais elevada. A preocupação mais baixa dos inquiridos foi em relação à "legislação relacionada com as políticas das TIC no sector agrícola não é favorável" (BI =329).

As barreiras comparativas percebidas pelos inquiridos para a utilização das TIC na agricultura A barreira organizacional foi relativamente mais elevada do que em comparação com os outros quatro aspectos. Verificou-se que a barreira política estava entre as mais baixas. (Quadro 10)

Tabela 10. Distribuição dos inquiridos de acordo com a perceção das barreiras em quatro aspectos

Aspectos	**Categoria**	**Inquiridos**		**Média**	**Classificação**
		Não.	**Percentagem**		
Barreiras organizacionais	Baixo (até 5)	7	7.8	18.97	1
	Médio (16-20)	61	67.8		
	Elevado (acima de 20)	22	24.4		
Barreiras pessoais	Baixo (até 5)	7	7.7	18.51	2
	Médio (16-20)	60	66.7		
	Elevado (acima de 20)	23	25.6		
Barreiras tecnológicas	Baixo (até 5)	13	14.4	17.95	3
	Médio (16-20)	59	65.6		
	Elevado (acima de 20)	18	20		
Barreiras políticas	Baixo (até 5)	18	20	17.42	4
	Médio (16-20)	62	68.9		
	Elevado (acima de 20)	10	11.1		

4.2.1. Barreiras organizacionais

As barreiras organizacionais podem ser qualquer número de coisas, desde objectos físicos a atitudes individuais e de grupo que restringem ou obstruem o progresso, o acesso, etc. É um fator importante para a utilização das TIC na agricultura. Os dados contidos na Tabela 10 mostram que uma esmagadora maioria dos inquiridos (67,8%) tinha barreiras médias, em comparação com 24,4% de barreiras altas e apenas 7,8% de barreiras baixas. No entanto, observa-se que a grande maioria (92,2%) dos inquiridos na área de estudo tinha barreiras organizacionais médias a elevadas. A razão para tal pode dever-se à falta de apoio técnico da organização. Outras barreiras organizacionais potenciais foram a falta de sensibilização para a disponibilidade das TIC e a falta de interesse dos gestores de topo e dos peritos em extensão em utilizar as TIC encontradas na área de estudo.

4.2.2. Barreiras pessoais

As barreiras pessoais são factores de autocontrolo que impedem as pessoas de atingir os seus objectivos ou que as levam a comportar-se de forma auto-sabotadora. Os resultados apresentados no Quadro 10 mostram que a maioria dos inquiridos (66,7%) tinha barreiras médias, em comparação com 25,6% que tinham barreiras altas e apenas 7,7% que tinham barreiras baixas neste aspeto. Os resultados indicam que a maioria (92,3%) dos inquiridos na área de estudo tinha barreiras pessoais médias a elevadas. A maioria dos inquiridos na área de estudo tinha muito pouca confiança na capacidade de utilizar as TIC e poucas competências para as utilizar. Por outro lado, os problemas linguísticos na utilização das TIC e os problemas de gestão do tempo na utilização das TIC eram as potenciais barreiras pessoais dos inquiridos na área de estudo.

4.2.3. Barreiras tecnológicas

A barreira tecnológica é um obstáculo à utilização das TIC que restringe as competências técnicas observáveis e mensuráveis. É um dos factores cruciais para a utilização das TIC. Os dados apresentados no Quadro 10 indicam que uma grande proporção dos inquiridos (65,6%) tinha barreiras médias, em comparação com 20% que tinham barreiras elevadas e apenas 14,4% barreiras baixas neste aspeto. No entanto, observa-se que a maioria (85,6%) dos inquiridos na área de estudo tinha barreiras tecnológicas médias a elevadas. Devido ao baixo nível de literacia informática na comunidade de prestadores de serviços agrícolas, à falta de hardware e software adequados e à limitação da formação virtual para a técnica operacional, a maioria dos inquiridos enfrentou barreiras tecnológicas elevadas na área de estudo.

4.2.4. Barreiras políticas

Uma barreira política é um obstáculo que impede a aplicação de um determinado instrumento político ou limita a forma como este pode ser aplicado. Em casos extremos, estes obstáculos podem levar a que certos instrumentos políticos sejam ignorados e a que as estratégias daí resultantes sejam muito menos eficazes. As informações apresentadas no Quadro 10 indicam que a maioria dos inquiridos (68,9%) tinha barreiras médias, em comparação com 20% que tinham barreiras baixas e apenas 11,1% barreiras altas neste aspeto. No entanto, observa-se que a maioria (88,9%) dos inquiridos na área de estudo estava exposta a barreiras tecnológicas baixas a médias. A razão para tal pode dever-se à falta de visão estratégica no desenvolvimento do ensino eletrónico, ao facto de a legislação relacionada com as políticas das TIC no sector agrícola não ser apoiada pelos utilizadores e de a dotação orçamental para as TIC no sector agrícola ser insuficiente.

4.3. Barreiras globais percepcionadas pelos inquiridos

As pontuações globais dos inquiridos relativamente às barreiras variaram entre 42 e 96, num intervalo possível de 1 a 100, com uma média de 72,86. Os dados contidos na Figura 5 indicam que a maior proporção (68,9%) dos inquiridos tinha barreiras médias, em comparação com 18,9% de barreiras elevadas e 12,2% de barreiras baixas.

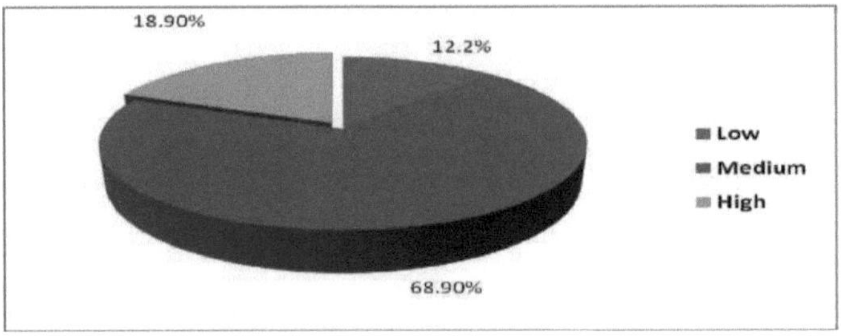

Figura 5. Distribuição dos inquiridos de acordo com a perceção geral dos obstáculos à utilização das TIC

Os resultados revelam que uma pequena parte (12,2%) dos SAAOs na área de estudo tinha barreiras baixas e a maioria (87,8%) dos inquiridos tinha barreiras médias a altas para a utilização das TIC na agricultura.

4.4. Relação entre as características seleccionadas dos inquiridos e o grau de perceção dos obstáculos à utilização das TIC

O coeficiente de correlação foi calculado a fim de explorar as relações entre as características seleccionadas dos inquiridos e a sua perceção dos obstáculos à implementação das TIC na agricultura. A hipótese nula era que "não havia relação entre as características seleccionadas dos inquiridos e a sua perceção dos obstáculos". As relações entre as características seleccionadas dos inquiridos e o grau de perceção das barreiras à implementação das TIC são apresentadas no Quadro 11.

Quadro 11. Relação entre as características seleccionadas dos inquiridos e o grau de perceção das barreiras à utilização das TIC

Selected personal attributes	Co-efficient of correlation (r)
Age	0.158^{NS}
Service experience	0.089^{NS}
Training exposures	-0.388**
Innovativeness	-0.488**
Job satisfaction	-0.426**
Cosmo politeness	-0.233*
Use of information sources	-0.252*
Aspiration	0.055^{NS}
Knowledge on ICT	-0.315**

*** Significativo ao nível de 0,05 de probabilidade, ** Significativo ao nível de 0,01 de probabilidade, NS = Não significativo**

4.4.1 Exposição dos inquiridos à formação e obstáculos à utilização das TIC

O coeficiente de correlação entre a exposição à formação e as barreiras percepcionadas foi negativo e significativo ao nível de 1% de probabilidade (r = -0,388**). Assim, a hipótese nula não pôde ser aceite, indicando que a exposição dos inquiridos à formação tem uma relação negativa significativa com as barreiras que percepcionam. Isto implica que

As barreiras diminuem com o aumento da exposição à formação. As instalações de formação podem desempenhar um papel importante na mudança de comportamento, aumentando os conhecimentos, as competências e a atitude dos inquiridos. A formação ajuda-os a utilizar melhor as TIC na agricultura. A formação torna o indivíduo mais poderoso para tomar qualquer decisão técnica e política. Pode concluir-se que, a menos que se aumente a exposição dos inquiridos à formação, estes continuarão a enfrentar obstáculos à utilização das TIC.

4.4.2 Capacidade de inovação e perceção dos obstáculos à utilização das TIC

O coeficiente de correlação entre a capacidade de inovação e as barreiras percepcionadas foi considerado negativo e significativo ao nível de 1% de probabilidade (r = -0,488**). Por conseguinte, a hipótese nula não pôde ser aceite, indicando que a capacidade de inovação dos inquiridos tem uma relação negativa significativa com os obstáculos que percepcionam. Isto indica que os obstáculos diminuem com o aumento do seu carácter inovador. A capacidade de inovação de um indivíduo ajuda-o a adotar novas ideias e tecnologias. Pode concluir-se que, a menos que a capacidade de inovação dos inquiridos aumente, estes continuarão a enfrentar obstáculos à utilização das TIC.

4.4.3 Satisfação profissional e obstáculos à utilização das TIC

O coeficiente de correlação entre a satisfação no trabalho e as barreiras percepcionadas foi considerado negativo e significativo ao nível de 1% de probabilidade (r = -0,488**). Por conseguinte, a hipótese nula não pôde ser aceite, indicando que a satisfação profissional dos inquiridos tem uma relação negativa significativa com as barreiras que percepcionam. Isto indica que as barreiras diminuem com o aumento da satisfação profissional. A satisfação no trabalho é o nível de satisfação dos inquiridos com o seu trabalho. A satisfação no trabalho ajuda um indivíduo a aumentar o seu desempenho profissional em vários aspectos do processo de desenvolvimento agrícola. Pode concluir-se que, a menos que a satisfação profissional dos inquiridos aumente, estes continuarão a enfrentar obstáculos à utilização das TIC.

4.4.4 Cosmopolitismo e perceção dos obstáculos à utilização das TIC

O coeficiente de correlação entre o cosmopolitismo e as barreiras percepcionadas foi negativo e significativo ao nível de 5% de probabilidade (r = -0,233*). Por conseguinte, a hipótese nula não pôde ser aceite, o que indica que o cosmopolitismo dos inquiridos tem uma relação negativa significativa com as barreiras que percepcionam. Provavelmente, devido ao baixo nível de cosmopolitismo, os inquiridos enfrentam mais barreiras. Através da qualidade de cosmopolitismo, um indivíduo toma conhecimento das informações recentes. Isto indica que as barreiras diminuem com o aumento da cosmopolitismo. Pode concluir-se que, a menos que se aumente a cosmopolitismo dos inquiridos, estes continuarão a enfrentar barreiras à utilização das TIC.

4.4.5 Utilização de fontes de informação e perceção dos obstáculos à utilização das TIC

O coeficiente de correlação entre a utilização de fontes de informação e as barreiras percepcionadas foi negativo e significativo ao nível de 5% de probabilidade (r = -0,252*). Assim, a hipótese nula não pôde ser aceite, indicando que a utilização de fontes de informação pelos inquiridos tem uma relação negativa significativa com as barreiras que percepcionam. Isto indica que os inquiridos que utilizam mais as fontes de informação enfrentam menos obstáculos. A utilização de fontes de informação é uma das componentes mais importantes para sensibilizar os extensionistas agrícolas para as várias questões do desenvolvimento agrícola. Pode concluir-se que, a menos que se aumente a utilização das fontes de informação pelos inquiridos, estes continuarão a enfrentar barreiras à utilização das TIC.

4.4.6 Conhecimentos sobre as TIC e perceção dos obstáculos à utilização das TIC

O coeficiente de correlação entre os conhecimentos e as barreiras percepcionadas foi considerado negativo e significativo ao nível de 1% de probabilidade (r = -0,315**). Por conseguinte, não foi possível aceitar a hipótese nula, o que indica que os conhecimentos dos inquiridos têm uma relação negativa significativa com as barreiras que percepcionam. Isto indica que os inquiridos com mais conhecimentos enfrentam menos barreiras. Os conhecimentos de qualquer indivíduo aumentam a sua consciência, o seu estado de alerta mental torna-o familiar ou familiarizado com factos, objectos, conceitos ou práticas. Pode concluir-se que, a menos que os conhecimentos dos inquiridos sejam aumentados, estes continuarão a enfrentar obstáculos à utilização das TIC.

4.5. Perceção da preparação para a utilização das TIC na agricultura

Esta secção descreve a distribuição dos inquiridos de acordo com a sua perceção da preparação para a utilização das TIC na agricultura. Os graus de preparação percebidos pelos inquiridos na área de estudo foram conceptualizados como consistindo em quatro aspectos. Estes aspectos incluíam: i) preparação dos agricultores ii) preparação pessoal iii) preparação para as infra-estruturas e iv) preparação para a gestão, como mostra o Quadro 13. Uma ordem de classificação das afirmações considerando quatro aspectos relativos à preparação para a utilização das TIC de acordo com o seu índice de preparação foi também apresentada na Tabela 12 para uma compreensão clara da perceção comparativa dos SAAOs sobre as afirmações de cada aspeto.

Tabela 12. Ordem de classificação das afirmações relativas à perceção de preparação em quatro aspectos, com base no respetivo índice de preparação

SI. Não	Declarações	Extensão do parecer					PI*	Classificação
	Preparação dos agricultores	SA*	A	UD	DA	SDA		
1.	Os agricultores sabem que as TIC podem ser utilizadas como uma ferramenta de aprendizagem	14	44	16	16	0	362	1
2.	Os agricultores são capazes de gerir o seu tempo para poderem utilizar as TIC	3	12	44	22	9	275	3
3.	Os agricultores têm competências suficientes para utilizar as TIC	2	6	21	49	12	230	5
4.	O agricultor possui os conhecimentos básicos de telemóvel (por exemplo, utilizar a linha de apoio, receber e marcar chamadas, etc.)	16	37	15	21	1	350	2
5.	O agricultor é capaz de ler e seguir as instruções no ecrã de um telemóvel ou de um computador para realizar uma tarefa	0	18	20	33	19	240	4
	Preparação pessoal							
1.	Sei como as TIC podem ser utilizadas como uma ferramenta de aprendizagem	27	40	14	9	0	394	1
2.	Penso que as TIC são úteis para melhorar a extensão e a aprendizagem	21	43	15	10	1	381	2
3.	Estou pronto para integrar as TIC no meu programa de extensão	7	29	23	30	1	312	3
4.	Tenho competências TIC suficientes para preparar materiais didácticos	7	11	13	26	33	225	5
5.	Tenho experiência em informática, formação baseada em multimédia, etc.	4	37	11	27	11	295	4
	Preparação das infra-estruturas							
1.	As infra-estruturas dos serviços agrícolas	38	26	8	16	2	391	1

	podem apoiar a utilização das TIC							
2.	O apoio técnico é adequado para apoiar as TIC	7	32	12	28	11	295	5
3.	O departamento agrícola pode dispor de orçamento para utilizar as TIC na extensão e na aprendizagem	18	37	11	19	5	348	3
4.	As infra-estruturas do departamento agrícola estão prontas para integrar as TIC no programa de extensão.	10	32	12	30	6	311	4.
5.	O departamento agrícola tem uma cultura de partilha e de trabalho em equipa para utilizar as TIC	21	38	11	14	6	360	2
	Preparação da gestão							
1.	O meu oficial superior sabe o que são as TIC	46	32	3	9	0	427	1
2.	O meu superior hierárquico apoia a utilização das TIC	36	38	9	7	0	414	2
3.	O departamento agrícola tem um plano para a implementação das TIC no futuro próximo	17	31	7	28	7	325	5
4.	Os gestores de alto nível pensam positivamente em relação à invenção tecnológica na sua tarefa diária	34	35	1	14	6	385	3
5.	Qualquer mudança que exigisse a utilização da tecnologia nas tarefas diárias era aceite pela maioria dos gestores de alto nível.	24	36	6	23	1	365	4

PI=Índice de preparação, SA= Concordo fortemente, A= Concordo, UD= Indeciso, DA= Discordo SDA= Discordo fortemente

Os dados contidos no Quadro 12 indicam que os inquiridos mostraram a maior preocupação em relação à preparação dos agricultores no que diz respeito a 'os agricultores sabem que as TIC podem ser usadas como uma ferramenta de aprendizagem' como o mais elevado (PI=362), seguido de 'o agricultor possui as competências básicas de telemóvel (como usar a linha de ajuda, receber e marcar chamadas, etc.)' como o segundo mais elevado (PI=350). A menor preocupação dos inquiridos foi em relação a 'os agricultores têm competências suficientes para utilizar as TIC' (PI=230). Os dados também revelaram que, no caso da preparação pessoal, a maioria dos inquiridos opinou que 'Sei como as TIC podem ser utilizadas como ferramenta de aprendizagem' ficou em primeiro lugar (PI=394), seguido de 'Penso que as TIC são úteis para melhorar a extensão e a aprendizagem' ficou em segundo lugar (PI=392). Os restantes três, ou seja, 'Estou pronto para integrar as TIC no meu programa de extensão', 'Tenho experiência em computadores, formação baseada em multimédia, etc.' e 'Tenho competência suficiente em TIC para preparar materiais de aprendizagem' ficaram em terceiro (PI=312), quarto (PI=295) e quinto (PI=225), respetivamente. No caso do aspeto da preparação da infraestrutura, os inquiridos expressaram as suas opiniões sobre 'a infraestrutura no departamento agrícola pode apoiar a implementação das TIC' como o mais elevado (PI=391), seguido de 'o departamento agrícola tem uma cultura de partilha e trabalho de equipa para usar as TIC' como o segundo mais elevado (PI=360) e 'o apoio técnico é adequado para apoiar as TIC' como o mais baixo (PI=348). Os dados contidos na Tabela 12 mostram que os inquiridos expuseram a maior preocupação sobre a preparação da gestão no que diz respeito a "o meu diretor sabe o que são as TIC" como o mais elevado (PI=427) seguido de "o meu diretor apoia a utilização das TIC" como o segundo mais elevado (PI=414). A preocupação mais baixa dos inquiridos diz respeito a 'o departamento agrícola tem um plano para a implementação das TIC no futuro próximo' (PI=325).

A preparação comparativa percebida pelos inquiridos em relação à preparação da gestão da utilização das TIC foi relativamente mais elevada em comparação com os outros quatro aspectos. A preparação dos agricultores foi a mais baixa. (Quadro 13)

Quadro 13. Distribuição dos inquiridos de acordo com a sua perceção de preparação em quatro aspectos

Aspectos	**Categoria**	**Inquiridos**		**Média**	**Classificação**
		Não.	**Percentagem**		
Preparação dos agricultores	Baixa (até 15)	61	67.8	14.6	4
	Médio (16-20)	29	32.2		
	Elevado (superior a 20)	0	0		
Preparação pessoal	Baixo (até 5)	33	36.7	16.08	3
	Médio (16-20)	55	61.1		
	Elevado (superior a 20)	2	2.2		
Infra-estruturas preparação	Baixo (até 5)	29	32.3	17.06	2
	Médio (16-20)	49	54.4		
	Elevado (acima de 20)	12	13.3		
Preparação da gestão	Baixo (até 5)	11	12.2	19.18	1
	Médio (16-20)	42	46.7		
	Elevado (acima de 20)	37	41.1		

4.5.1. Preparação dos agricultores

Os dados contidos na Tabela 13 mostram que uma esmagadora maioria dos inquiridos (67,8%)

considerou que os agricultores tinham uma preparação baixa, em comparação com 32,2% que tinham uma preparação média para a utilização das TIC. No entanto, observa-se que cem por cento (100%) dos inquiridos na área de estudo consideram que os agricultores têm um grau de preparação baixo a médio. A razão por detrás disso pode dever-se ao facto de a maioria dos agricultores ter pouca aptidão para utilizar as TIC e não ser capaz de ler e aprender ou seguir as indicações no ecrã de um telemóvel ou de um computador para realizar uma tarefa.

4.5.2. Preparação pessoal

Este aspeto considera o estado de espírito do indivíduo, uma vez que tem impacto no resultado da iniciativa de aprendizagem eletrónica. Este é considerado um dos factores mais importantes e tem a maior possibilidade de sabotar o processo de implementação. Os dados apresentados na Tabela 13 indicam que uma grande parte dos inquiridos (61,1%) tinha uma preparação média, em comparação com 36,7% que tinham uma preparação baixa e apenas 2,2% que tinham uma preparação elevada neste aspeto. No entanto, observa-se que a maioria (97,8%) dos inquiridos na área de estudo tinha uma preparação baixa a média para a utilização das TIC. Porque a maioria dos inquiridos não tinha experiência em formação baseada em tecnologia (ou seja, computador, formação baseada em multimédia, etc.) e não tinha competência suficiente em TIC para preparar material de aprendizagem na área de estudo.

4.5.3. Preparação das infra-estruturas

A preparação das infra-estruturas é o estado de preparação das estruturas físicas e organizacionais básicas necessárias ao funcionamento de uma sociedade ou empresa, ou dos serviços e instalações necessários ao funcionamento de uma economia. Pode ser definida, de um modo geral, como o conjunto de elementos estruturais interligados que fornecem um quadro de apoio a toda uma estrutura de desenvolvimento e processo de implementação. Este aspeto afecta grandemente a implementação das TIC. Os dados apresentados no Quadro 13 indicam que mais de metade dos inquiridos (54,4%) tinha um grau de preparação médio, em comparação com 32,3% de baixo e apenas 13,3% de elevado grau de preparação neste aspeto. No entanto, observa-se que a grande maioria (86,7%) dos inquiridos na área de estudo tinha uma preparação baixa a média em termos de infra-estruturas para a utilização das TIC. Porque o apoio técnico não era adequado para apoiar as TIC e a infraestrutura no departamento agrícola não estava preparada para integrar as TIC no programa de extensão.

4.5.4. Preparação da gestão

A preparação da gestão é o estado de preparação do processo organizacional que inclui o planeamento estratégico, a definição de objectivos, a gestão de recursos, a utilização dos activos humanos e financeiros necessários para atingir os objectivos e a medição dos resultados. Os dados apresentados no Quadro 13 indicam que cerca de metade dos inquiridos (46,7%) tinham uma preparação média, em comparação com 41,1% que tinham uma preparação elevada e apenas 12,2% que tinham uma preparação baixa neste aspeto. No entanto, observa-se que a grande maioria (87,8%) dos inquiridos na área de estudo tinha uma preparação de gestão média a elevada para a utilização das TIC. Porque a maioria dos quadros superiores/directores sabe o que são as TIC e pensam positivamente em relação à invenção tecnológica na tarefa diária. Esta pode ser a razão dos resultados acima referidos.

4.6. Preparação geral percepcionada pelos inquiridos

As pontuações de preparação dos inquiridos variaram entre 39 e 88, num intervalo possível de 1 a 100, com uma média de 66,94. Os dados contidos na Figura 6 indicam que a maior proporção (66,7%) dos inquiridos tinha uma preparação média, em comparação com 22,2% de baixa e 11,1% de elevada preparação para a utilização das TIC.

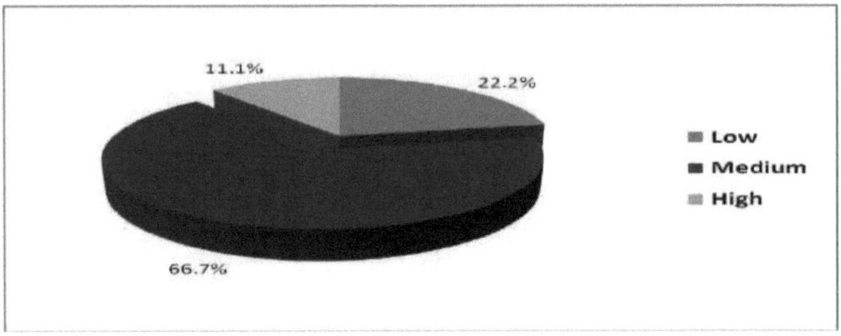

Figura 6. Distribuição dos inquiridos de acordo com a sua perceção global de preparação para a utilização das TIC

Os resultados revelam que uma pequena parte (11,1%) dos SAAO na área de estudo tinha uma preparação elevada para a utilização das TIC. A maioria (88,9%) dos inquiridos tinha uma preparação baixa a média para a implementação das TIC na agricultura.

4.7. Relação entre as características seleccionadas dos inquiridos e o grau de perceção da sua preparação para a utilização das TIC

Para descobrir a relação entre a perceção da preparação (variável dependente) para a implementação das TIC e as características seleccionadas (variáveis independentes) dos inquiridos, o investigador desenvolveu a seguinte hipótese nula "Não existe uma relação significativa entre a perceção da preparação para a implementação das TIC e as seguintes características seleccionadas dos inquiridos". Para testar esta hipótese, foi utilizado o coeficiente de correlação do produto de Pearson (a um nível de significância de 1% e 5%). Os resultados da análise de correlação são apresentados na tabela 16.

Quadro 14. Relação entre as características seleccionadas dos inquiridos e o seu grau de preparação para a utilização das TIC

Selected personal attributes	Co-efficient of correlation (r)
Age	0.152^{NS}
Service experience	0.162^{NS}
Training exposures	0.543^{**}
Innovativeness	0.230^{*}
Job satisfaction	0.242^{*}
Cosmo politeness	0.253^{*}
Use of information sources	0.222^{*}
Aspiration	0.197^{NS}
Knowledge on ICT	0.568**

*** Significativo ao nível de 0,05 de probabilidade, ** Significativo ao nível de 0,01 de probabilidade, NS = Não significativo**

4.7.1 Exposição à formação e perceção do grau de preparação para a utilização das TIC

O coeficiente de correlação entre a exposição à formação e a perceção das barreiras foi considerado positivo e significativo ao nível de 1% de probabilidade (r = 0,543**). Assim, a hipótese nula não pôde ser aceite, indicando que a exposição dos inquiridos à formação tem uma relação positiva significativa com a sua perceção de preparação. Além disso, os resultados indicaram que uma maior exposição dos inquiridos à formação conduz a uma tendência para uma maior preparação para a utilização das TIC na agricultura.

4.7.2 Capacidade de inovação e perceção de preparação para a utilização das TIC

O coeficiente de correlação entre a capacidade de inovação e a perceção de preparação foi considerado positivo e significativo ao nível de 5% de probabilidade (r = 0,230*). Por conseguinte, a hipótese nula não pôde ser aceite, indicando que a capacidade de inovação dos inquiridos tem uma relação positiva significativa com a sua perceção de preparação para a utilização das TIC na agricultura. Isto indica que o grau de preparação aumenta com o aumento da capacidade de inovação. A capacidade de inovação de um indivíduo ajuda-o a adotar novas ideias e tecnologias.

4.7.3 Satisfação no trabalho e perceção do grau de preparação para a utilização das TIC

O coeficiente de correlação entre a satisfação no trabalho e a perceção de preparação foi considerado positivo e significativo ao nível de 5% de probabilidade (r = 0,230*). Assim, a hipótese nula não pôde ser aceite, indicando que a satisfação profissional dos inquiridos tem uma relação positiva significativa com a sua perceção de preparação. Isto indica que o grau de preparação aumenta com o aumento da satisfação profissional. A satisfação no trabalho é o nível de satisfação dos inquiridos com o seu trabalho. A satisfação profissional ajuda um indivíduo a aumentar o seu desempenho profissional em vários aspectos do processo de desenvolvimento agrícola. Isto indica que os inquiridos com maior satisfação no trabalho têm maior probabilidade de estar mais preparados para a utilização das TIC na agricultura.

4.7.4 Cosmopolitismo e perceção do grau de preparação para a utilização das TIC

O coeficiente de correlação entre o cosmopolitismo e a perceção de preparação foi considerado positivo e significativo ao nível de 5% de probabilidade (r = 0,253*). Por conseguinte, a hipótese nula não pôde ser aceite, indicando que a cosmopolitismo dos inquiridos tem uma relação positiva significativa com a sua perceção de preparação. Através da qualidade de cosmopolitismo, um indivíduo toma conhecimento das informações recentes. Isto indica que a preparação aumenta com o aumento da cosmopolitismo.

4.7.5 Utilização de fontes de informação e perceção do grau de preparação para a utilização das TIC

O coeficiente de correlação entre a utilização de fontes de informação e a perceção do grau de preparação foi considerado positivo e significativo a um nível de probabilidade de 5% (r = 0,222 *). Assim, a hipótese nula não pôde ser aceite, indicando que a utilização de fontes de informação pelos inquiridos tem uma relação positiva significativa com a sua perceção de preparação. Isto indica que os inquiridos que utilizam mais as fontes de informação têm maior probabilidade de estar mais preparados para a utilização das TIC na agricultura. A utilização de fontes de informação é uma das componentes mais importantes para consciencializar os extensionistas agrícolas relativamente a várias questões de desenvolvimento agrícola. Os inquiridos tomam conhecimento dos melhores dispositivos TIC utilizados na agricultura através dos vários meios de comunicação. É provável que, com um contacto elevado com fontes de informação, recebam mais informação sobre assuntos relacionados com as TIC, o que reforça a base dos seus conhecimentos sobre as TIC na agricultura.

4.7.6 Conhecimentos sobre as TIC e perceção do grau de preparação para a utilização das TIC

O coeficiente de correlação entre o conhecimento e a perceção de preparação foi considerado positivo e significativo ao nível de 1% de probabilidade (r = 0,568**). Por conseguinte, a hipótese nula não pôde ser aceite, indicando que os conhecimentos dos inquiridos têm uma relação positiva significativa com a sua perceção de preparação para a implementação das TIC. Isto indica que o grau de preparação aumenta com o aumento dos seus conhecimentos. O conhecimento de qualquer indivíduo aumenta a sua consciência, o seu estado de alerta mental torna-o familiar ou familiarizado com factos, objectos, conceitos ou práticas. Pode concluir-se que os inquiridos com elevados conhecimentos têm maior probabilidade de estar mais preparados para a utilização das TIC na agricultura.

CAPÍTULO 5
RESUMO, CONCLUSÕES E RECOMENDAÇÕES

5.1 Resumo das conclusões

As TIC nos domínios relacionados com a agricultura estão ainda nas primeiras fases de adoção. A agricultura é o principal pilar do Bangladesh. A economia nacional do Bangladesh baseia-se principalmente na agricultura e a população agrária constitui 84% da população total que está direta ou indiretamente envolvida numa vasta gama de actividades agrícolas (Rahman, 2004). No entanto, a contribuição da agricultura para o desenvolvimento rural depende em grande medida da geração e do fornecimento de novas tecnologias agrícolas e a maior parte destas novas tecnologias pode ser descrita como sendo de informação intensiva (Tripp, 2001). A informação tornou-se um fator crítico de produção na agricultura (Rao, 2006). As mudanças dramáticas que ocorreram na última década nas TIC afectaram quase todos os domínios da atividade humana, e a agricultura não é uma exceção (Winrock, 2003). Tal como em qualquer outro domínio, como a exploração mineira, a engenharia e o comércio, os computadores e os mecanismos electrónicos são agora utilizados para recolher, manipular e tratar automaticamente a informação para controlar e gerir a produção e a comercialização agrícolas. O desenvolvimento agrícola pode ser acelerado e os meios de subsistência podem ser apoiados pelas TIC de muitas formas.

As TIC têm um enorme potencial para revolucionar a forma como a informação, o conhecimento e as novas tecnologias são geridos, desenvolvidos e fornecidos aos agricultores através da utilização das TIC na agricultura. Os agricultores precisam da ajuda de intermediários para adotar os conhecimentos e a informação. A este respeito, sugere-se que os trabalhadores da extensão agrícola sejam os intermediários eficazes para fornecer informação e conhecimentos diretamente aos agricultores. Para transferir estes conhecimentos, competências e gestão para os agricultores, é necessário, como primeiro passo, gerar mudanças desejáveis na perceção dos peritos agrícolas em geral e dos profissionais da extensão agrícola em particular; por conseguinte, a avaliação da perceção em relação aos princípios e conceitos das TIC fornece um padrão da situação existente, com base no qual se pode planear a obtenção da situação desejável. Por conseguinte, a avaliação das barreiras e da preparação percepcionada pelos trabalhadores da extensão agrícola é muito importante para que as TIC sejam utilizadas com êxito na agricultura.

O objetivo do presente estudo foi determinar as barreiras percebidas e o grau de preparação dos trabalhadores da extensão agrícola para a utilização das TIC no distrito de Gazipur. Foi selecionada uma amostra de 90 inquiridos do distrito de Gazipur, seguindo a técnica de amostragem aleatória estratificada proporcional. O estudo seguiu um modelo de investigação descritivo e de diagnóstico. Os dados foram recolhidos através de um questionário estruturado pré-testado durante o período de julho de 2012 a setembro de 2012. Foram utilizadas medidas estatísticas como a amplitude, a média, o número, a percentagem, o desvio-padrão e o coeficiente de correlação. Ao longo do estudo, foi utilizado um nível de probabilidade de 5% (0,05) com um nível de confiança de 95% como base para rejeitar a hipótese nula.

A idade média dos inquiridos era de 37,04 anos. A percentagem acumulada de inquiridos de meia-idade e jovens era de 87,8%, constituindo a grande maioria dos inquiridos. A maioria dos inquiridos (62,2%) tinha experiência de serviço de curta duração e 27,8% tinha experiência de serviço de média duração. Observou-se também que cerca de metade dos inquiridos (47,8%) recebeu pouca formação em TIC e 40% não recebeu qualquer formação. Observa-se que a maioria (55,6%) dos inquiridos se enquadra na categoria de inovatividade média. A proporção mais elevada (78,9%) de SAAO neste estudo tinha uma capacidade de inovação baixa a média. Com base nas pontuações de cosmopolitismo, as SAAO foram classificadas em três categorias. O maior número de inquiridos (70%) tinha uma cosmopolitismo médio, seguido de 17,8% com uma cosmopolitismo baixo e 12,2% com uma cosmopolitismo alto. Isto significa que a maioria dos inquiridos (87,8%) se enquadra na categoria de cosmopolitismo médio e baixo. Os inquiridos, com base nas suas pontuações de satisfação profissional, foram classificados em três categorias: baixa, média e alta satisfação profissional. A percentagem mais elevada (56,7%) dos inquiridos pertenceu à categoria de satisfação profissional média, em comparação com 22,2% na categoria de satisfação profissional baixa e apenas

21,1% na categoria de satisfação profissional elevada. A percentagem mais elevada (52,2%) dos inquiridos pertence à categoria de conhecimentos médios, em comparação com 32,3% na categoria baixa e apenas 15,6% na categoria alta. Observa-se que a proporção mais elevada (64,4%) de SAAO se enquadra na categoria de fontes de informação utilizadas médias, 20% na categoria de fontes de informação utilizadas baixas e apenas 15,6% na categoria de fontes de informação utilizadas elevadas. No entanto, observa-se que uma maioria esmagadora (76,7%) dos SAAOs na área de estudo tinha uma aspiração média a alta.

As barreiras percepcionadas pelos extensionistas agrícolas para a utilização das TIC eram médias (68,9%). Uma grande parte (87,8%) dos inquiridos tinha barreiras médias a elevadas para a utilização das TIC na agricultura. As barreiras comparativas percebidas pelos inquiridos em relação à utilização das TIC na agricultura A barreira organizacional foi relativamente mais elevada do que em comparação com os outros quatro aspectos. A barreira política foi a mais baixa. A análise de correlação indica que a exposição à formação, a capacidade de inovação, a satisfação no trabalho, a cosmopolitismo, a fonte de informação e o conhecimento têm uma relação negativa significativa com os obstáculos à utilização das TIC.

A preparação dos extensionistas agrícolas para a utilização das TIC foi média (66,7%). Uma grande parte (88,9%) dos inquiridos tinha uma preparação baixa a média para a utilização das TIC na agricultura. A preparação comparativa percebida pelos inquiridos em relação à utilização das TIC para a gestão foi relativamente mais elevada em comparação com os outros quatro aspectos. O grau de preparação dos agricultores foi dos mais baixos.

A análise de correlação indica que a exposição à formação, a capacidade de inovação, a satisfação com o trabalho, a cosmopolitismo, a fonte de informação e o conhecimento têm uma relação positiva e significativa com a perceção do grau de preparação para a utilização das TIC.

5.2 Conclusões

Com base nos principais resultados, na discussão e na sua interpretação lógica, foram tiradas as seguintes conclusões:

❖ A maioria dos inquiridos era de meia-idade, com experiência de serviço de curta duração, pouca formação em TIC, capacidade de inovação média, satisfação profissional média, utilização média de fontes de informação, aspiração média e conhecimentos médios em TIC.

❖ Mais de um quarto de quinto (87,8%) dos inquiridos encontrou barreiras médias a elevadas à utilização das TIC. Por outro lado, mais de um quarto de quinto (88,9%) dos inquiridos tinha uma preparação baixa a média para a utilização das TIC. Isto pode dever-se ao facto de uma proporção considerável dos SAAOs não ter tido uma exposição suficiente à formação e ter uma utilização moderada das fontes de informação e um conhecimento médio das TIC.

❖ As barreiras comparativas percebidas pelos inquiridos para a utilização das TIC na agricultura 'barreira organizacional' foram relativamente mais elevadas do que em comparação com os outros quatro aspectos. A razão para tal pode dever-se à falta de formação para aprender as TIC e às limitações do apoio técnico da organização. Verificou-se que a "barreira política" estava entre as mais baixas.

❖ A preparação comparativa percebida pelos inquiridos para a utilização das TIC 'preparação da gestão' foi relativamente mais elevada em comparação com os outros quatro aspectos. Porque a maioria dos quadros superiores sabe o que são as TIC, pensa positivamente em relação à invenção tecnológica na tarefa diária e o departamento agrícola tem um plano para a implementação das TIC no futuro próximo. O grau de preparação dos agricultores é dos mais baixos.

❖ O coeficiente de correlação indica que a exposição à formação, a capacidade de inovação, a satisfação no trabalho, a cosmopolitismo, a utilização de fontes de informação e o conhecimento têm uma relação negativa significativa com os obstáculos à utilização das TIC. Isto significa que, a menos que as características dos inquiridos acima referidas sejam aumentadas, estes continuarão a enfrentar obstáculos à utilização das TIC. Por outro lado, a exposição à formação, a capacidade de inovação, a satisfação no trabalho, o cosmopolitismo, a utilização de fontes de informação e o conhecimento tiveram uma relação significativa positiva com a perceção de preparação para a utilização das TIC. Isto indica que a preparação dos inquiridos para a utilização das TIC aumenta com o aumento das características acima referidas.

5.3 Recomendações

Tendo em conta os resultados, a interpretação e as conclusões do estudo acima referidos, foram formuladas as seguintes recomendações:

❖ Podem ser tomadas as medidas necessárias para que o departamento de extensão agrícola forneça formação em matéria de TIC aos SAAO, dando ênfase à agricultura de precisão e ao desenvolvimento agrícola sustentável.

❖ Para reduzir as "barreiras organizacionais", "barreiras pessoais" e "barreiras tecnológicas", o Ministério da Agricultura (MoA) e as ONG podem avançar para a formulação de uma política pertinente.

❖ O prestador de serviços de extensão deve receber informações sobre a viabilidade económica das ferramentas TIC utilizadas nas práticas agrícolas, a fim de promover eficazmente as TIC, para que estas tenham um efeito positivo na rentabilidade agrícola.

❖ Tal como acontece com todas as outras áreas emergentes no domínio da agricultura, os SAAOs devem ser encorajados a manterem-se actualizados com os últimos desenvolvimentos das ferramentas das TIC e a utilizarem mais os líderes locais do que no passado como fonte de informação sobre as TIC e a agricultura sustentável. A organização de seminários e outras actividades educativas relacionadas com a utilização das TIC na agricultura deve continuar a fornecer informações valiosas aos prestadores de serviços de extensão agrícola.

Os governos devem tomar as medidas necessárias para construir três infra-estruturas básicas nas zonas rurais: eletricidade, telefone e ligação à Internet para utilizar as TIC na agricultura.

Apenas um distrito do Bangladesh foi utilizado no estudo para a recolha de dados. Embora o estudo nos permita obter uma maior compreensão das barreiras percebidas e da preparação dos extensionistas agrícolas para a utilização das TIC, é difícil generalizar os resultados para uma amostra diferente. Talvez as diferentes zonas tenham características diferentes em relação aos agricultores, às infra-estruturas e à gestão. Por conseguinte, deve ser realizada mais investigação noutras áreas do Bangladesh para obter resultados mais conclusivos e generalizados.

REFERÊNCIAS

Abdon, B., R. Raab e S. Ninomiya. 2006. *E-Learning for International Agriculture DevelopmentDealing with Challenges,* documento de conferência, Japão.

Abedin, M.Z. 1996. A Handbook of Research for the Fellows of M. Phil, and Ph. D. programs (Dhaka: Book Syndicate), p. 52.

Adebayo, E.L. e O.M. Adesope. 2007. "Awareness, access and usage of information and communication technologies between female researchers and extensions", *International Journal of Education and Development Using Information and Communication Technology (IJEDICT),* vol. 3, n.º 1, pp. 85-93.

Akpabio, I.A., D.P. Okon e E.B. Inyang. 2007. "Constraints affecting ICT utilization by agricultural extension officers in the Niger Delta, Nigeria", *The Journal of Agricultural Education and Extension,* vol. 13, no. 4, p. 263-272.

Ali, G.A. e L Magalhães. 2008. "Barreiras à implementação do e-leaming: A Kuwaiti case study", *International Journal of Training and Development,* vol. 12, no. 1, pp. 3653.

Anastasi. 1996. Some Challenges on the way of Agricultural Development in Iran. *Jihad Mag.,* 23: 48-56

Annor-frempong, F., J. Kwarteng, R. Agunga e M.M. Zinnah. 2006. *Challenges and Prospects InfusingInformation Communication Technologies (ICTs) in Extension for Agricultural and Rural Development in Ghana,* Actas da 22ª Conferência do AIAEE.

Banco Asiático de Desenvolvimento. 2004. Building e-Community Centres for Rural Development: Report of the Regional Workshop, Bali: Indonésia.

Babbie, E. 1986. Survey ResearchMethods. Blemont, CA: Wardsworth Publishing Company.

Ballantyne, P. e D. Bokre. 2003. *ICTs: Transforming Agricultural Extension?* Report of an iNARSe-discussion, Retrieved October 15, 2007 from http://www.livelihoods.org/info/docs/inars Supersummary.pdf

Bhatnagar, S. 2000. Social implications of information and communication technology in developing countries: Lessons from Asian success stories. *The electronic Journal on Information systems in developing countries,* 1(4): 1-9.

Biswas, S. 2004. *Women's Empowerment and Demographic Changes.* Bangladesh Academy for Rural Development, Kotbari, Comilla: 147-152.

Borotis, S. e A. Poulymenakou. 2004. *E-learning Readiness Components: Key Issues to Consider before Adopting e-Learning Interventions,* Proceeding of eLeam 2004 Conference, Washington, D.C., USA, pp. 1622-1629.

Chadha, G. e S.M.N. Kumail. 2002. e-Leaming: An Expression of the Knowledge Economy, Tata McGraw-Hill Publishing Company Limited, Nova Deli.

Chamala, S. e P.M. Shingi. 1996. "Establishing and strengthening farmer organizations", In B.E Swanson et al, (eds.), *Improving Agricultural Extension: A Reference Manual.* (pp. 47-54), Roma: FAO.

Chang, H. L. 2009. Um roteiro para a adoção de tecnologias emergentes no comércio eletrónico: um estudo empírico. *Information Systems and E-Business Management, 8* (2), 103130.

Chapnick, S. 2000. "Are you ready for e-learning?", *Learning Circuits: ASTD's Online Magazine All About ELearning,* Recuperado em 10 de setembro de 2009 de http://www.astd.org/LC/2000/1100 chapnick.htm.

Conland, D.K. 1968. Psicologia. The Experimental Approach. MacGraw Hill Book Company, Nova Iorque. Custos e benefícios. *Development Policy Review,* 20(2): 141-157.

FAO. 2006. The Internet and Rural and Agricultural Development - An Integrated Approach Food and Agriculture Organization, Roma, disponível em http://www.fao.org/docrep/w6840e/w6840e05.htm (Acedido em 16/10/06)73.

Goode, W. J. e P. K. Hatt. 1952. Methods in Social Research. Nova Iorque: Megraw-Hill Book Company, Inc.

Gould, J. e L. K. William.l964.A Dictionary of the Social Sciences. Londres: Tavistack Publications, p.425.

Hafkin, N.J. e D.H. Odame. 2002. *Gender, ICTs and Agriculture,* A Situation Analysis of the 5thConsultative Expert Meeting of CTA, ICT Observatory Meeting on Gender and Agriculture in the Information Society, 11-13 de setembro, CTA, Wageningen, Draft, agosto.

Haider, M. 2010. Clube de Manejo Integrado de Pragas para Previsão do Empoderamento dos Agricultores na Produção de Arroz. Dissertação *de doutoramento* não publicada. *(Ag. Ext and Rd.),* Departamento de Extensão Agrícola e Desenvolvimento Rural, Universidade Agrícola Bangabandhu Sheikh Mujibur Rahman, Gazipur, Bangladesh.

Harris, R. 2002. A Framework for Poverty Alleviation with ICTs [Internet] Roger Harris Associates, Hong Kong, dezembro.P.3-64.

Disponível: http://www.tanzaniagateway.org/docs/framework_for_poverty_alleviati em_

Hellriegel, D. e J.W. Slocum. 2007. Comportamento Organizacional. (11th Ed.). EUA: Lachina Publishing Services, p.69-70.

Hilgard, E. R. 1963. Introduction to Psychology Harcourt, Brace and Company, Nova Iorque. Disponível: http://www.livelihoods.org/info/docs/inars Supersummary.pdf

Islam, N. 2010. Information and communication technology based agricultural extension service: A fresh look. Disponível em: http://www.theguardianbd.com/no-need.html

Islam, M. 2011. Perceção do Sub-assistente de Agricultura sobre Práticas Agrícolas Sustentáveis. Tese de mestrado não publicada, Departamento de Extensão Agrícola e Desenvolvimento Rural, Universidade Agrícola Bangabandhu Sheikh Mujibur Rahman, Gazipur, Bangladesh.

Kauffman, R.J. e A. Kumar. 2005. *A Critical Assessment of the Capabilities of Five Measure for ICT Development,* seminário de doutoramento na Carlson School of Management, University ofMinnesota, EUA.

Jones, G.E. (1997), 'The history, development and the future of agricultural extension' in B.E. Swanson,R.P. Bentz and A.J. Sofranko (1997) Improving agricultural extension - a reference manual. Roma: FAO.

Kaur, K. e Z. Abas. 2004. *An Assessment of e-Learning Readiness at the Open University Malaysia,* Conferência Internacional sobre Computadores na Educação (ICCE2004), Melbourne, Austrália.

Kenny, C. 2002. Information and communication technologies for direct poverty alleviation: Costs and benefits. *Development Policy Review,* 20(2): 141-157.

Kerlinger, F.N.1973. Fundamentos da Investigação Comportamental. (2nd Ed.). New York Holt, Reinhart and Wiston Inc.

Krull, A. 2003, "ICT infrastructure and e-readiness assessment report: Estonia", *PRAXIS Research Fellow-PRAXIS Center for Policy Studies.*

Langmia, K. 2006. O papel das TIC no desenvolvimento económico de África: O caso da África do Sul. *International Journal of Education and development using information and communication technology,* 2(4):144-157.

Laukkanen, P., S.Sinkkonen e T. Laukkanen. 2008. Consumer resistance to internet banking: postponers, opponents and rejectors. *The International Journal of Bank Marketing, 26* (6), 440-455.

Lio, M. e Liu, M. C. 2006. ICT and agricultural productivity: evidence from crosscountry data. *The Journal of the International Association of Agricultural Economics,* 34(3): 221-228.

Macleod, R. B. I960. Person Perception: a Commentary, In David, H. e Brengelmann, J.C., Perspectives in personality Research, Londres; Crosby Lockwood, pp. 22644.

Mirzaei, A. 2003. Relatório nacional da República Islâmica do Irão. Reunião de estudo sobre a aplicação das tecnologias da informação para uma extensão agrícola eficaz - Nova Deli, Índia, p. 13.

Molla, A. e P. S Licker. 2005. Adoção do comércio eletrónico nos países em desenvolvimento: um modelo e um instrumento. *Inforamtion & Management, 42,* 877-899.

Muilenburg, L.Y. e Z.L. Berge. 2005. "Student barriers to online learning: A fator analytic study", *Distance Education,* vol. 26, no. 1, pp. 29-48.

Mungania, P. 2003. "The seven e-learning barriers facing employees", *Relatório Final de Investigação do consórcio do Centro Masie de e-Learning,* Universidade de Louisville, EUA.

Mutula, S. M. 2005. Peculiarities of the digital divide in Sub-Saharan Africa (Peculiaridades da fratura digital na África Subsariana). *Library and Information Systems,* 39(2): 122-138.

Omotayo, O.M. 2005. "ICT and agricultural extension. Emerging issues in transferring agricultural technology in developing countries", In S.F. Adedoyin, (ed.), *Agricultural Extension in Nigeria.* Ilorin, Sociedade de Extensão Agrícola da Nigéria.

Oppenhenim, A. N. 1966. Questionnaire Design and Attitude Measurement. Nova Iorque: Basic Books.

Ortmann, G. F. 2000. Utilização das tecnologias da informação na agricultura sul-africana.

Agrekon, 39(l):26-35.

Pumomo, S.H. e Y. Lee.2010. An Assessment of Readiness and Barriers towards ICT Programme Implementation: Perceptions of Agricultural Extension Officers in Indonesia. *International Journal of Education and Development using Information and Communication Technology (IJEDICT),* Vol. 6, Issue 3, pp. 19-36.

Rahman, A. Z. 2004. Correlations between Green Revolution and Population Growth: Revisited in the Context of Bangladesh and India. [Internet] *Asian Affairs,* Vol. 26, No. 3, p. 41-60. [Disponível em: http://www.cdrb.Org/joumal/2004/3/2.pdf] [Acedido em: 11 de novembro de 2009]

Rao, N. H. 2006. A framework for implementing information and communication technologies in agricultural development in India. *Technological Forecasting & Social Change,* 74:491-518.

Rao, S. S. 2004. Role of ICTs in India's rural community information systems. *Info,* 6(4):261-269.

Ray, G.L. e S. Mondal. 1999. Research Methods in Social Sciences and Extension Education. Naya Prokash. Calcutá. Índia.

Rogers, E.M.1995. Diffusion of Innovations. (4th Ed.).New York: The Free Press.

Rosenberg, M. e C.I. Hovland. I960. *Research on Communication and Attitude Citado em Triandis,* H.C. 1971. Attitude and Attitude Change. John Wiley Publisher, Nova Iorque.

Royee, S. J. e E. Jones. 1961. Man and His Nature. McGraw-Hill Book Company, Nova Iorque.

Ruch, F. L. 1953. Psychology and Life. Quarta edição, Scott, Foresman and Company, Chicago, pp. 241-242.

Sambrook, S. 2003.'E-learning in Small Organizations', Education + Training, vol.45, no.8/9, pp.

506-516.

Scupola, A. 2009. Adoção do comércio eletrónico pelas PME: perspectivas da Dinamarca e da Austrália. *Journal of Enterprise Information Management, 22* (1/2), 152-166.

So, K.K.T. e M.C. Swatman. 2006. *E-Learning Readiness of Hong Kong Teachers*. Documento de *conferência*, Hong Kong.

Soekartawi. 2005. "Constraints in implementing 'e-learning' using WebCT: Lessons from the SEAMEO Regional Open Learning Center". *Malaysian Online Journal of Instructional Technology,* vol. 2, no.2, pp. 97-105.

Strohmeier, S. e R. Kabst. 2009. Adoção organizacional da e-HRM na Europa: An empirical exploration of major adoption factors. *Journal of Managerial Psychology, 24* (6), 482-501.

Tlabela, K., J. Roodt, A. Paterson e G. Weir-Smith. 2007. Mapping ICT access in South Africa (Mapeamento do acesso às TIC na África do Sul). Cidade do Cabo: HSRC Press.

Torab,A. 2007. Impact of New Agricultural Extension Policy Interventions on Changing Pattern of Small Farmers' Livelihood in Bangladesh. Tese de doutoramento (Extensão Agrícola) não publicada, Departamento de Extensão Agrícola e Desenvolvimento Rural, BSMRAU, Salna, Gazipur.

Townsend, J. C. 1953. Introduction to Experimental Methods. Nova Iorque" McGraw-Hill. Tidemand, P e H. Khudsen .1989 .Debatter on folkelig deltagelse (O Debate sobre a Participação dos Povos): Den Ny Verden (O Novo Mundo), n.º 3, Copenhaga.

Trinidad, A.C. 2002, "An initial assessment of the Philippines' preparedness for elearning", *Philippine Journal of Third World Studies,* vol. 17, no. 2.

Tripp, R. 2001. Agricultural technology policies for rural development. *Development Policy Review,* 19(4):479-489.

Urdong, L. 1968. The Random House Dictionary of the English Language (Nova Iorque: Random House), p. 841.

Vandalen, I. B. 1973. Understanding Educational Research McGraw-Hill Book Company, Nova Iorque, terceira edição.

Wadud, F. 2010. Impact of Commercial Flower Cultivation on the Livelihood of its Growers in Bangladesh (Impacto do cultivo comercial de flores nos meios de subsistência dos seus produtores no Bangladesh). Tese de doutoramento não publicada, Departamento de Extensão Agrícola e Desenvolvimento Rural, Universidade Agrícola Bangabandhu Sheikh Mujibur Rahman, Gazipur, Bangladesh.

Webster, A. M. 1931. Novo Dicionário Internacional. Spring field, 2 Massachusetts, U.S.A. with_ICTs.pdf] [Consultado em: 6 de novembro de 2009]

Winrock, J. 2003. Future directions in agriculture and Information and Communication Technologies (ICT) atUSAID. Arkansas: Winrock.

Woods, J., R.T. Raab e B. Abdon. 2002. *ICTs, e-learning, and simulations: Bringing knowledge-intensive management to Asian agriculture,* documento apresentado na Conferência da Federação Internacional de Processamento de Informação 9.4, Bangalore, Índia, 28-31 de maio de 2002.

APÊNDICE A

DEPARTAMENTO DE EXTENSÃO AGRÍCOLA E DESENVOLVIMENTO RURAL UNIVERSIDADE AGRÍCOLA DE BANGABANDHU SHEIKH MUJIBUR RAHMAN GAZIPUR-1706

Um calendário de entrevistas
em

BARREIRAS E PREPARAÇÃO DOS EXTENSIONISTAS AGRÍCOLAS PARA A UTILIZAÇÃO DAS TIC NO DISTRITO DE GAZIPUR DO BANGLADESH

[As informações recolhidas através deste formulário de entrevista serão mantidas confidenciais e utilizadas apenas para fins académicos].

Número de série ....

Nome ....

Designação .... Nome da instituição ....

Local de trabalho ....

Telemóvel: .... Correio eletrónico ....

(Por favor, responda às seguintes perguntas. O sigilo será rigorosamente mantido).

1. **Idade:**

Que idade tem? .... anos

2. Experiência de serviço

Há quanto tempo está ao serviço de .... Anos .... Mês

3. Exposição à formação

Alguma vez recebeu formação sobre TIC [**Yes**] [**No**]

Em caso afirmativo, queira fornecer as seguintes informações, de acordo com o quadro.

SI#	Nome do curso de formação	Organização de ofertas	Dias
1.			
2.			
3.			
4.			
5.			

4. Inovação: Poderia indicar o ano de utilização das seguintes tecnologias após quantos anos de informação?

SI não	Nome da tecnologia	Não utilizar	Ano da primeira introdução	Ano da primeira utilização após ter sido informado
1	Utilização do computador			
2	Utilização do telemóvel			

3	Utilização dos meios de comunicação social para contactar com o cliente			
4	Utilização da Internet			
5	Utilização de canais por satélite para conhecer a atualidade			
6	Utilização de rádio FM			
7	Utilização de máquinas agrícolas modernas			
8	Utilização de estrume orgânico na produção vegetal			
9	Cultivo das mais recentes variedades híbridas e de alto rendimento			

5. Cosmopolitismo: Indique a frequência com que visita os seguintes locais num período de tempo específico.

SI. Não.	Local de visita	Natureza da visita				
		Regularmente	**Frequentemente**	**Ocasionalmente**	**Raramente**	**De modo algum**
1.	Outras aldeias	Mais de 3 vezes por semana	3 vezes/ semana	2 vezes /semana	1 vez por semana	0 tempo/semana
2.	Mercado local	Mais de 6 vezes/mês	5-6 vezes/mês	3-4 vezes / mês	1-2 vezes / mês	0 tempo/mês
3.	Visita a outros sindicatos	Mais de 3 vezes/mês	3 vezes / mês	2 vezes / mês	1 vez / mês	0 tempo/mês
4.	Upazila Gabinete DAE	Mais de 6 vezes/ano	5-6 vezes / ano	3-4 vezes / ano	1-2 vezes / ano	0 tempo/ano
5.	Outra upazila	Mais de 6 vezes/ano	5-6 vezes / ano	3-4 vezes / ano	1-2 vezes / ano	0 tempo/ano
6.	Distrito Gabinete DAE	Mais de 3 vezes/ano	3 vezes / ano	2 vezes / ano	1 vez / ano	0 tempo/ano
7,	Outro distrito	Mais de 3 vezes/ano	3 vezes/ano	2 vezes/ano	1 vez/ano	0 tempo/ano
8.	Visita a grandes cidades	Mais de 3 vezes/ano	3 vezes / ano	2 vezes / ano	1 vez / ano	0 tempo/ano

6. Satisfação no trabalho: Poderia fazer o favor de dar a sua opinião sobre se está satisfeito ou não com as funções que lhe são atribuídas?

SI#	Declaração	SA	A	UD	DA	SDA
i.	As minhas funções não estão claramente definidas.					
ii.	O meu chefe é sempre cooperante e cordial.					
iii.	Adquiro conhecimentos técnicos actualizados através da					

	formação em serviço.					
iv.	A minha mobilidade é sempre assistida por transportes oficiais.					
V.	Tenho autonomia funcional suficiente.					
vi.	Não recebo o devido reconhecimento dos meus colegas pelas minhas boas acções.					
vii.	Posso realizar diferentes actividades sob a tutela do meu chefe.					
viii.	Não estou satisfeito com a minha estrutura salarial e outras regalias em relação à minha formação académica					
ix.	Tenho uma perspetiva de carreira brilhante para os próximos tempos.					
X.	Tenho quase as mesmas regalias e oportunidades que os outros oficiais da mesma categoria.					

SA= Concordo totalmente, A= Concordo, UD= Indeciso, DA= Discordo, SD= Discordo totalmente

7. Fontes de informação utilizadas pelo prestador de serviços de extensão: Pode indicar o grau de utilização das fontes de informação apresentadas no quadro seguinte?

SI#	Fontes potenciais	Nunca	Raro	Ocasionalmente	Frequentemente	sempre
1	Artigo científico, tesejoumal					
2	Seminário, workshop, conferências					
3	Consultor, especialista em extensão					
4	Universidade agrícola					
5	Revista Agrícola					
6	Demonstração de resultados					
7	Demonstração do método					
8	Televisão, rádio, jornal					
9	Comerciantes do sector agroalimentar					
10	Feira agrícola					

8. Conhecimentos sobre as TIC: Responder às perguntas citadas no quadro relativas às TIC e questões conexas

SI não	Questão	Avaliação	
		Classificação atribuída	Notas obtidas
1	O que quer dizer com TIC?	2	
2	Nomear duas ferramentas TIC utilizadas frequentemente para a comunicação com os clientes	2	
3	O que é a tecnologia GIS e GPS?	2	

4	Sabe como enviar um e-mail através da Internet?	2	
5	O que é a rádio comunitária?	2	
6	Nomear duas ferramentas de comunicação sem fios	2	
7	Nome de duas empresas de telefonia móvel que prestam serviços de e-agricultura	2	
8	Nomear dois softwares que são utilizados para navegar na Internet	2	
9	Como utilizar a linha de apoio do Grameen phone, Robi, Airtel, Tele talk e Banglalink para resolver problemas técnicos?	2	
10	Nome de dois programas informáticos utilizados na agricultura	2	

9. Aspiração: Por favor, dê a sua opinião sobre cada uma das seguintes afirmações

SI.	**Declarações**	Extensão do acordo				
Não		SA	A	UD	DA	SDA
01.	A adoção das TIC é importante para o desenvolvimento da agricultura					
02.	Estou satisfeito com os serviços oferecidos pelas TIC					
03.	A utilização das TIC na agricultura conduz a um aumento da produtividade					
04.	O custo elevado das TIC é a restrição que o impede de adotar as TIC					
05.	É importante educar os seus filhos sobre as TIC					

SA- Concordo totalmente, A= Concordo, UD- Indeciso, DA- Discordo, SD= Discordo totalmente

10. Percepções dos inquiridos sobre as potenciais barreiras à utilização das TIC: Poderia dar a sua opinião sobre os potenciais obstáculos à utilização das TIC, assinalando a coluna que considera adequada?

a. Perceção do inquirido sobre as barreiras organizacionais

SI.	**Questões relativas aos artigos**	**Extensão do parecer**				
Não		**SA**	**A**	**UD**	**DA**	**SDA**
1.	Falta de formação para aprender TIC					
2.	Limitações do apoio técnico da organização					
3.	Falta de sensibilização para a disponibilidade das TIC					
4.	Falta de familiaridade do gestor de topo com as aplicações TIC					
5.	Falta de interesse dos gestores de topo e dos peritos em extensão na utilização das TIC					

SA- Concordo totalmente, A= Concordo, UD- Indeciso, DA- Discordo, SD~ Discordo totalmente

b. Perceção dos inquiridos sobre os obstáculos individuais

SI.	**Questões relativas aos artigos**	**Extensão do parecer**

Não		SA	A	UD	DA	SDA
1.	Falta de confiança na capacidade de utilizar as TIC					
2.	Problemas linguísticos na utilização das TIC					
3.	Problemas de gestão do tempo na aprendizagem da utilização das TIC					
4.	Exigir novos conhecimentos para utilizar as TIC					
5.	Há falta de competências para utilizar as TIC					

SA- Concordo totalmente, A= Concordo, UD- Indeciso, DA- Discordo, SD- Discordo totalmente

c. Perceção dos inquiridos sobre as barreiras tecnológicas

SI.	Questões relativas aos artigos	Extensão do parecer				
Não		SA	A	UD	DA	SDA
1.	Desenvolvimento deficiente das infra-estruturas no sector agrícola					
2.	Baixo nível de literacia informática na comunidade agrícola					
3.	Falta de hardware e software adequados					
4.	Sistemas de telecomunicações fracos Linhas telefónicas antigas					
5.	A limitação da formação virtual para as técnicas operacionais					

SA- Concordo totalmente, A= Concordo, UD- Indeciso, DA- Discordo, SD- Discordo totalmente

d. Perceção dos inquiridos sobre os obstáculos políticos

SI.	Questões relativas aos artigos	Extensão do parecer				
Não		SA	A	UD	DA	SDA
1.	As políticas e regulamentos governamentais existentes em matéria de TIC são instáveis					
2.	A legislação relacionada com as políticas em matéria de TIC no sector agrícola não é apoiada					
3.	O orçamento para a disponibilidade das TIC no sector agrícola é limitado					
4.	Falta de visão estratégica no desenvolvimento da aprendizagem eletrónica					
5.	Falta de regras adequadas para a utilização do ensino eletrónico					

SA- Concordo totalmente, A= Concordo, UD- Indeciso, DA- Discordo, SD- Discordo totalmente

11. Percepções dos inquiridos sobre a preparação para a utilização das TIC: Poderia dar a sua opinião sobre a preparação para a utilização das TIC, assinalando a coluna que considera adequada?

a) Perceção do inquirido sobre o grau de preparação dos agricultores

SI.	Questões relativas aos artigos	Extensão do parecer

Não		SA	A	UD	DA	SDA
1.	Os agricultores sabem que as TIC podem ser utilizadas como uma ferramenta de aprendizagem					
2.	Os agricultores são capazes de gerir o seu tempo para poderem utilizar as TIC					
3.	Os agricultores têm competências suficientes para utilizar as TIC					
4.	O agricultor possui os conhecimentos básicos de telemóvel (por exemplo, utilizar a linha de apoio, receber e marcar chamadas, etc.)					
5.	O agricultor é capaz de ler e aprender ou seguir as instruções no ecrã de um telemóvel ou de um computador para realizar uma tarefa					

SA= Concordo totalmente, A= Concordo, UD= Indeciso, DA= Discordo, SD= Discordo totalmente

b) Perceção do inquirido sobre a sua preparação pessoal

SI. Não	Questões relativas aos artigos	Extensão do parecer				
		SA	A	UD	DA	SDA
1.	Sei como as TIC podem ser utilizadas como uma ferramenta de aprendizagem					
2.	Penso que as TIC são úteis para melhorar a extensão e a aprendizagem					
3.	Estou pronto para integrar as TIC no meu programa de extensão					
4.	Tenho competências TIC suficientes para preparar materiais didácticos					
5.	Tenho experiência em formação de base tecnológica (ou seja, informática, formação multimédia, etc.)					

SA= Concordo totalmente, A= Concordo, UD= Indeciso, DA= Discordo, SD= Discordo totalmente

c) Perceção dos inquiridos sobre o grau de preparação das infra-estruturas

SI. Não	Questões relativas aos artigos	Extensão do parecer				
		SA	A	UD	DA	SDA
1.	As infra-estruturas dos serviços agrícolas podem apoiar a aplicação das TIC					
2.	O apoio técnico é adequado para apoiar as TIC					
3.	O departamento agrícola pode dispor de orçamento para utilizar as TIC na extensão e na aprendizagem					
4.	As infra-estruturas do departamento agrícola estão prontas para integrar as TIC no programa de extensão.					
5.	O departamento agrícola tem uma cultura de partilha e de trabalho em equipa para utilizar as TIC					

SA= Concordo totalmente, A= Concordo, UD= Indeciso, DA= Discordo, SD= Discordo totalmente

d) Perceção do inquirido sobre o grau de preparação da gestão

Sl. Não	Questões relativas aos artigos	Extensão do parecer				
		SA	A	UD	DA	SDA
1.	O meu oficial superior sabe o que são as TIC					
2.	O meu superior hierárquico apoia a utilização das TIC					
3.	O departamento agrícola tem um plano para a implementação das TIC no futuro próximo					
4.	Os gestores de nível superior e médio pensam positivamente em relação à invenção tecnológica na sua tarefa diária					
5.	Qualquer mudança que exigisse a utilização da tecnologia nas tarefas diárias era aceite pela maioria dos gestores de topo					

SA= Concordo totalmente, A= Concordo, UD= Indeciso, DA= Discordo, SD= Discordo totalmente

Muito obrigado pela vossa cooperação amável e cordial.

....

Assinatura do inquirido

Data:

APÊNDICE B

Definição deTermos

Alguns termos-chave utilizados ao longo do estudo são definidos nesta secção para facilitar a compreensão.

Idade

A idade do inquirido foi definida como o período de tempo decorrido entre o dia do seu nascimento e o momento da entrevista.

Experiência de serviço

A experiência de serviço foi determinada pela duração do ano de serviço de um inquirido.

Exposição à formação

Referia-se ao número de formações recebidas pelos inquiridos em várias matérias relacionadas com as TIC.

Inovação

Refere-se ao grau em que um indivíduo é relativamente mais precoce na adoção de novas ideias do que os outros membros do seu sistema social.

Cosmopolitismo

O cosmopolitismo é definido como o grau em que um indivíduo visita fora da sua localidade o seu sistema social particular.

Satisfação profissional

A satisfação com o trabalho é o nível de satisfação dos inquiridos com o seu trabalho.

Aspiração

Refere-se ao desejo individual sobre a questão do desenvolvimento.

Inquiridos

Um inquirido refere-se ao indivíduo que mudou a sua casa devido à erosão fluvial e se instalou num novo local.

Preparação

A preparação refere-se ao estado de estar preparado para acontecimentos ou situações específicas ou imprevisíveis. A preparação é uma qualidade importante para atingir objectivos e para evitar e atenuar resultados negativos.

Barreiras

Barreira é um limite ou fronteira de qualquer tipo que restringe ou obstrui o progresso, o acesso, etc.

Barreira organizacional

As barreiras organizacionais podem ser de vários tipos, desde objectos físicos a atitudes individuais e de grupo que restringem ou dificultam o progresso, o acesso, etc.

Barreira pessoal

As barreiras pessoais são factores de autocontrolo que impedem as pessoas de atingir os seus objectivos ou que as levam a comportar-se de forma auto-sabotadora.

Barreira tecnológica

Obstáculo refere-se à implementação de tecnologia que restringe as competências técnicas observáveis e mensuráveis.

Barreira política

Um obstáculo que impede a aplicação de um determinado instrumento político ou limita a forma como este pode ser aplicado. Em casos extremos, estes obstáculos podem levar a que determinados instrumentos políticos sejam ignorados e a que as estratégias daí resultantes sejam muito menos eficazes.

Preparação pessoal

Este fator considera o estado de espírito do indivíduo, uma vez que tem impacto no resultado da iniciativa de aprendizagem eletrónica. Este é considerado um dos factores mais importantes e tem a maior possibilidade de sabotar o processo de implementação.

Preparação das infra-estruturas

A preparação das infra-estruturas é o estado de preparação das estruturas físicas e organizacionais básicas necessárias ao funcionamento de uma sociedade ou empresa, ou dos serviços e instalações necessários ao funcionamento de uma economia. Pode ser definida, de um modo geral, como o conjunto de elementos estruturais interligados que fornecem o quadro de apoio a toda uma estrutura de desenvolvimento e processo de implementação.

Preparação da gestão

A preparação da gestão é o estado de preparação do processo organizacional que inclui o planeamento estratégico, a definição de objectivos, a gestão de recursos, a utilização dos activos humanos e financeiros necessários para atingir os objectivos e a medição dos resultados.

APÊNDICE C

Abreviaturas e acrónimos

ADB= Asian Development Bank

BI = Barrier Index

BSMRAU = Bangabandhu Sheikh Mujibur Rahman Agricultural University

CTA= Technical Center for Agricultural and Rural Cooperation

DOI= Diffusion of Technology

FAO= Food and Agricultural Organization

GDP= Gross Domestic Product

GIS= Global Information System

GO = Government Organization

GPS= Global Positioning System

ICT= Information and Communication Technology

MI = Mean Index

MoA= Ministry of Agriculture

NGO = Non-Government Organization

PI = Preparedness Index

SAAO = Sub Assistant Agriculture Officer

SME= Small and Medium Enterprise

SPSS = Statistical Package of Social Science

TAM= Technology Acceptance Model

UAO= Upazila Agricultural Officer

UTAUT= Unified Theory of Acceptance and Use of Technology Model

MIX
Papier aus verantwortungsvollen Quellen
Paper from responsible sources
FSC® C105338

Printed by Books on Demand GmbH, Norderstedt / Germany